U0185076

大众生态学

Get a Grip on Ecology

* David Burnie 著
* 古滨河 译

中国教育出版传媒集团
高等教育出版社 · 北京

图字：01-2021-1606号
Authorized Licensed Edition from the English language edition, entitled *Get a Grip on Ecology* by David Burnie, published by The Ivy Press Limited, Copyright © The Ivy Press Limited 1999

图书在版编目（CIP）数据

大众生态学 /（英）大卫・布林尼（David Burnie）著；古滨河译. -- 北京：高等教育出版社，2023. 3

书名原文：Get a Grip on Ecology

ISBN 978-7-04-059968-8

Ⅰ. ①大… Ⅱ. ①大… ②古… Ⅲ. ①生态学－普及读物 Ⅳ. ① Q14-49

中国国家版本馆 CIP 数据核字（2023）第 030582 号

策划编辑　李冰祥　殷　鸽　　责任编辑　殷　鸽　　封面设计　赵　阳　　版式设计　于　婕
责任校对　刘丽娴　　责任印制　韩　刚

出版发行	高等教育出版社	网　　址	http://www.hep.edu.cn
社　　址	北京市西城区德外大街4号		http://www.hep.com.cn
邮政编码	100120	网上订购	http://www.hepmall.com.cn
印　　刷	北京华联印刷有限公司		http://www.hepmall.com
开　　本	850mm × 1168mm　1/32		http://www.hepmall.cn
印　　张	6.125		
字　　数	150千字	版　　次	2023 年 3 月第 1 版
购书热线	010-58581118	印　　次	2023 年 3 月第 1 次印刷
咨询电话	400-810-0598	定　　价	58.00 元

物 料 号　59968-00
DAZHONG SHENGTAIXUE

译者前言

清晨站在后院栏栅边上，望着人工湖对面的湿地，杂木丛生，郁郁葱葱，野鸟鸣唱。天上白云朵朵，日月同辉。但是，在眼前这个美好景色之外，地球生物圈满目疮痍。今年夏天，全球气温异常，热浪逼人。新冠肺炎疫情流行近三载，亡人甚众，百业受损。人类的生存环境及其命运正在面临着工业化以来的最大挑战。正是在这种情形下，译者完成了这部《大众生态学》的翻译。

生态学是一门研究生物与环境之间相互关系的学科。早在古希腊时代，希波克拉底和亚里士多德的著作里就包含对生态学的描述。我国古代有"天人合一"的思想。战国时代的庄子描述过食物链——螳螂捕蝉，黄雀在后；民间也有"大鱼吃小鱼，小鱼吃虾，虾吃泥巴""一山难容二虎"等富含生态哲理的谚语。生态学的发展经历了一个漫长的过程，现代生态学已经成为一门定量的和复杂的综合性学科。但是，生态学为大众所知还是近百年来的事情，在国内是在改革开放之后，主要是人类社会发展导致环境恶化，人们才意识到掌握生态学知识、保护生物及其赖以生存的环境的重要性。

在本书中，大卫·布林尼以通俗易懂和幽默的语言，配以经典实例，向广大读者阐明了许多基本生态学原理，以及人类活动（包括砍伐森林、驯养动物、污染环境、使用化石燃料等）如何对环境和生物造成严重影响。书中还介绍了不少生态修复对策的利弊。本书是给普通读者写的，政策制定者、在校学生和各行各业的从业人员均可阅读，对从事生态学和环境科学研究的人来说也颇具阅读价值。这是因为许多从事这些学科研究的人往往专注一个方面，阅读本书可以温故知新，还可以帮助开阔眼界。这本书出版于20多年前，但是书中讲述的生态学理论和生态问题依然没有过时。

译者特别感谢高等教育出版社的李冰祥编审推荐本书并仔细审阅译稿，提出了许多宝贵的修改意见。最后附上译者的一首小诗，寥寥四句，仅能反映人类对生物和环境影响的一点忧心：

七绝·参观佐治亚水族馆

满目精灵看不休，
但悲均是水中囚。
企鹅未解天温变，
夜夜仍思南极洲。

古滨河

2022年8月6日

于佛罗里达州西棕榈滩

目 录

前言

什么是生态学？

＊ 70 多年前，很少有人听说过生态学，更没有几个人知道这个词的含义。仅仅几十年后，生态学就成了时髦的流行语：消费广告声称其产品拥有“生态”证书，许多人自诩有“生态意识”。但是，尽管已成为日常用语，生态学仍然被广泛误解。

新的科学

恩斯特·海克尔（Ernst Haeckel，1834—1919）是德国 19 世纪最杰出的博物学家之一，也是进化论的早期支持者。他最初学医，但对海洋生物学产生了兴趣，后来成为耶拿大学动物学教授。海克尔还是一位颇有成就的艺术家，他因出版了附有精美插图的《放射虫》专著而一举成名。放射虫是一类单细胞浮游生物，身体被透明的硅质外骨骼保护。

恩斯特·海克尔

生态学早期

＊ 生态学（ecology或*Öecologie*）一词是由博物学家**海克尔**于1866年创造的，是两个希腊词oikos（家或户的意思）和logos（学科的意思）的结合。从字面上看，**生态学是对家的研究**。

＊ 从表面上看，这门学问似乎与自然界没有太大关系。但是，海克尔的oikos概念与他对生物的兴趣紧密相关。在19世纪中叶，动植物常常被孤立地研究，很少有人关注它们与周围环境的关系。海克尔提出的这一新的生

物学分支却截然不同。生态学并没有将不同的物种视为孤立的单位，而是着眼于它们与自然环境或“家”以及周围其他物种**相互作用的方式**。

转变

* 在早期，生态学很少登上新闻头条。与化学家或物理学家不同，生态学家从事难以度量的工作，而且他们的许多结论都难以验证。尽管有这些困难，但是生态学研究逐渐引起了生物学思维的转变。这些研究表明，生物以许多微妙而出乎意料的方式联系在一起，而任何对这些联系的破坏都会产生重大且往往有害的后果。

* 在20世纪下半叶，技术变革和人口快速增长对自然系统造成了前所未有的破坏，导致人类对生态学的兴趣激增。在阴影中度过多年之后，生态学已经成为生命科学的关键部分。

市场力量

生态学和经济学之间有什么联系？两个学科除了都是从希腊词 oikos 衍生而来之外，还有很多联系。生态学家和经济学家经常研究相同的主题，但所处的情境不同。这些主题包括资源可用性、供求关系、竞争以及获得某种利益所涉及的成本。在自然界里，成本用能源和资源支付；而在人类世界中，成本用金钱支付。

生态学是对自然环境的研究

与地球有关

✱ 生态学和环境保护论是两件事。前者是对自然环境中生物的科学研究；后者是以保护环境、防止人为破坏为目的。在实践中，两者紧密相连，因为生态学提供了环境破坏如何影响生物以及如何恢复的相关信息。

高尚的生活

苏格兰出生的作家、博物学家**约翰·缪尔**（John Muir，1838—1914）是美国最早、最具影响力的环保主义者之一。从威斯康星大学毕业后，缪尔在一家马车修理厂工作，但因事故而暂时失明。康复后他放弃了工作，开始了美洲大陆的探险之旅，绝大部分是作徒步旅行。他因此爱上了加利福尼亚州的内华达塞拉山脉（Sierra Nevada）。他表示，“这是我所见过的最神圣的山脉”，于是他成为将其保留为自然荒野的热情倡导者。缪尔于1892年创立了塞拉俱乐部（Sierra Club），并在说服美国政府将加利福尼亚州的优胜美地山谷（Yosemite Valley）列为国家公园方面发挥了重要作用。

妈妈，它们为什么一动不动？

狩猎生活

✱ 在生态学发展的早期，很少有人关心环境。包括海克尔在内的大多数博物学家都为了做研究而屠杀动物，沉溺于对各种标本的收集。成千上万的鸟类、哺乳动物和蝴蝶被钉住、剥皮或塞满填充物以便展出。在前往喜马拉雅山途中，著名的植物收藏家、英国植

对于19世纪的博物学家来说，为了做研究杀死动物是理所当然的

物学家**约瑟夫·胡克爵士**[1]为了得到一种特别稀有的兰花，让他的印度搬运工洗劫了一片森林。但是他并不满足于这种破坏，回去后还告诉其他兰花爱好者，这是一种很好的赚钱方法。

收集动物的头颅作为纪念品是当时一种流行的消遣

保护和保存

* 在19世纪后期，将野生动物视为一种取之不尽资源的传统思想继续存在，大型猫科动物、野牛和其他动物惨遭灭顶之灾。但当时人们已经很清楚，自然无法恢复某些人为的破坏。其中之一是美洲野牛濒临灭绝：其数量从1800年的约1000万头锐减到80年后的1000多头。

* 随着20世纪的到来，诸如此类的事件有助于树立人们对自然界的新态度。一种纯粹实用的观点是：为了开发自然资源，有时必须对其加以保护。第二种观点称为保存主义，它涉及思想上的根本转变。这种观点认为，自然具有内在价值，仅仅为了自然本身就应当进行保护。这两种观点构成了当今环境保护论的重要组成部分。

关键词

保护
以最小的人类影响方式管理自然资源。

保存
通过防止人为干扰来保护生物环境及其自然居民。

美洲野牛

1 约瑟夫·道尔顿·胡克爵士（Sir Joseph Dalton Hooker, 1817—1911），英国植物学家。其父威廉·杰克逊·胡克也是著名的植物学家。7岁时他就经常到格拉斯哥大学听父亲讲课，很早就对植物的地理分布和探险感兴趣。出版著作包括《南极植物》《新西兰植物》和《塔斯马尼亚植物》。——译者注。全书同。

寂静的春天

“这是一个没有声音的春天。曾几何时，这里的早晨，每当黎明，知更鸟、猫鹊、鸽子、松鸦、鹪鹩还有其他各种小鸟，它们一起发出各种啁啾，让空气中弥漫着热闹的合唱。但是，现在一点声音都没有了，田野、树林和沼泽一片寂静。”

摘自《寂静的春天》

***** 现代环境运动的历史可以追溯到 1960 年代初，当时出版了由美国博物学家和生态学家蕾切尔·卡森撰写的畅销书《寂静的春天》。这本书警告世人，未来世界即将深受合成农药的危害，鸟类的鸣唱将化作遥远的记忆。在人类的旧有价值观受到冲击的时代，卡森的著作产生了深远的影响。

一声警告

蕾切尔·卡森（Rachel Carson，1907—1964）出生于宾夕法尼亚州，从事海洋生物学研究，后来在美国渔业和野生动物局工作，最初是一名科普编辑，后来当上了出版部门的主管。1952 年，她完成了《我们周围的海洋》，这本书确立了她作为科普作家的地位。10 年后，随着《寂静的春天》的出版，她被化工界谴责为恐吓者，她一直坚决否认这一指控。

紧急警报

毛毛虫

* 在蕾切尔·卡森创作《寂静的春天》的10年期间，新的杀虫剂的长期效应才开始显现。滴滴涕（DDT）是使用最广泛的杀虫剂之一，它在消除虫害方面极为有效，并在第二次世界大战结束后防止了严重虫媒传播疾病的暴发。

* 不幸的是，滴滴涕不仅杀死农业害虫，还伤害了许多动物。在某些情况下，死亡是直接中毒造成的。但在其他情况下，滴

滴涕的损害以间接的方式发生。例如，鹈鹕和猎鹰无法繁殖，因为滴滴涕妨碍蛋壳的正常形成。当鸟类孵卵时，易碎的蛋壳破裂，导致整窝幼体的死亡。

无处可藏

* 《寂静的春天》揭露了有机农药造成的具体威胁，但同时也揭示了人类活动影响环境的方式发生了令人不安的变化。20世纪以前，污染在很大程度上仍是一种区域性现象：远离城市和工厂就意味着远离污染。但是，随着滴滴涕等化学品的生产，这种区域隔离被打破了。事实证明，**滴滴涕具有很强的持久性，可以很容易地在土壤、空气、水和生物之间穿梭**。在短短的几年里，这些综合特性使其从农田传播到大洋，甚至到南极洲。

* **蕾切尔·卡森指出，环境不能分割成独立的空间**。如今，保护环境的行动涉及整个生物圈——地球生物存在的所有空间。

滴滴涕

滴滴涕是一种属于氯化烃类的化学物质。它最初合成于1873年，但直到1939年，瑞士化学家**保罗·穆勒**[2]才发现了它的杀虫功能。

关键词

杀虫剂

用来杀死植物或动物害虫的化学物质。

有机

在化学领域，有机化合物是含碳化合物，它可以是天然的或人造的。在其他语境也用于描述不使用合成的杀虫剂或肥料而生产的食物。

---

2 保罗·赫尔曼·穆勒（Paul Hermann Müller，1899—1965），瑞士化学家，发现了滴滴涕（DDT）的杀虫功效，1948年因此获得诺贝尔生理学或医学奖。DDT和青霉素、原子弹被誉为第二次世界大战时期的三大发明。

初探生物圈

✱ 您有可能成为一位纯粹的数学家，但绝不可能成为一位纯粹的生态学家。这是因为生态学探讨生命世界和非生命世界之间的复杂关系，并在研究过程中借鉴许多其他学科。这些生物和环境的复杂关系都发生在生物圈——生物居住地的总和。

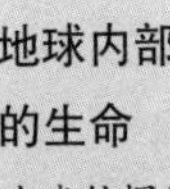

地球内部的生命

地球钻探试验表明，细菌可以在深达3千米的岩石孔隙里生存。限制其生存深度的主要因素是高温，温度随地球深度增加而升高。海洋中的温度上升比陆地上慢，某些细菌能在水深达7千米的深海生存。

生命的模糊禁区

✱ 如果把生物圈想象成一张包在足球外面的保鲜膜，您就知道和地球的其他部分相比，生物圈的厚度如何。生物圈如此之薄，是由于生物需要液态水，同时它们只能在一定的温度范围内生存。这意味着生物不能进入地球的外大气层和地核。

✱ 然而，在地球的任何地方，生物圈的精确边界都很难确定。人们曾经认为生命的活动范围只限于地球表面，几乎所有生物都聚集在地表或附近。然而近年来，我们已经知道微生物有时会向高空飘移，而在地下几千米的多孔岩石中发现了细菌，这进一步扩大了生物圈的范围。

转移策略

* 即使地球上不存在生命，这颗行星内部和外部的能量也会使物质不断移动。但是，在生物圈中，生命的存在使事情变得更加复杂。生物会吸收周围的一些能量，并将其用于自己的需要。这种能量推动了一系列生物地球化学循环，使物质在生命和非生命世界之间穿行。

* **就能量而言，地球是一个开放系统，因为它从太空接收能量，还会将其再次辐射回去**。但是，就生命的原材料而言，地球是一个密闭的系统。这意味着生物不能像采矿公司那样，采完一个矿区，再转移到另一个矿区。相反，它们必须不断回收可用的物质。这种循环利用创造了相互联系的过程，这些过程塑造了地球的整个生命体系。

替代地球

1991 年，一支由 8 名科学家组成的小组入住“**生物圈 2 号**”，这是一个自成体系的“世界”，建在索诺兰沙漠。温室和住宿单元占地超过 1 公顷，里面有精选的食用植物和动物。生物圈 2 号的大气得到微型“海洋”的湿润。在一个颇有希望的开始之后，随着二氧化碳水平上升和农作物受到害虫的攻击，这个原计划运行两年的实验不得不提前结束。“生物圈人”出来时身体也算健康，但他们的经历证明，建立永久平衡系统困难重重。

生物圈是围绕地球的一个薄层

物质在移动

*** 地球上天然存在 90 多种化学元素。其中只有 20 多种是生命必不可少的。这些元素遵循着生物地球化学循环途径，不断在有生命的和无生命的物质之间循环。有些循环环节在转瞬间完成，有些环节则需要数百万年的时间。**

四种生命所需的重要元素

没有生命力

曾几何时，化学家相信生物体里的物质拥有一种“生命力”，使其与非生物中的化学物质有根本的不同。这个名为生机论[3]的学说在1828年受到严重的打击。德国化学家**弗里德里克·沃勒**[4]用氰酸铵（一种无机盐）造出了尿素（尿液中的一种物质）。到了1860年代，化学家发现了用简单的无机物合成许多有机化合物的方法。

弗里德里克·沃勒

极其重要的碳元素

* 生命中必不可少的元素是一堆大杂烩，其中包括铁、铜、铬和锌等金属元素，以及硫、氯和碘等非金属元素。**对其中绝大部分元素，生物只使用微量，但**

3　生机论（vitalism，又译为生命主义、生气论、活力论、生机说、生命力），现代版本是19世纪初由瑞典化学家永斯·贝采利乌斯提出。贝采利乌斯认为，只有生物才可以用无机物合成有机物，这证明生命具备独特性，不能以物理及化学方式来加以解释。

4　弗里德里克·沃勒（Friedrich Wöhler，1800—1882），德国化学家。他因人工合成尿素，打破了有机化合物的生机论学说而闻名。

生命必需元素是一堆大杂烩

对四种元素的需求量很大。“四大元素”包括氢、氧、氮和碳，其中碳是构成生命的关键元素。

✱ 地球的碳供应被分在四个不同的存储库——地壳、海洋、大气和生物体。迄今为止，地壳的碳储存所占份额最大，而大气所占份额最小，仅为6500亿吨。植物在生长过程中会吸收空气中的二氧化碳，而动物在呼吸时会向大气补充二氧化碳。它们共同掌管大气中的二氧化碳，大约每4.5年将大气中的全部碳更新一次。

关键词

生物地球化学循环
任何元素在大气、海洋、地壳和生物体中的循环运动。

延时转移

✱ 当动物呼吸时，碳立即从碳循环的一个环节转移到另一个环节。但是，当生物残骸被掩埋时，它们的碳可以转化为化石燃料，从而在很长一段时间内将其锁定在循环之外。碳库就像一个银行账户，过去数百万年来，资金流入量远远超过了流出量。结果，这种碳的储量远远超过当今所有生物碳的总和。

✱ 至少这是人类介入之前的状况。**通过燃烧化石燃料，我们加快了地壳中碳的回流，重新流向大气中，即将碳从最大的碳库中抽到最小的碳库中。在过去的200年里，该过程迅速加快，并且正如我们稍后将看到的，结果开始显示出来。**

为什么是碳?
碳主导着生命的化学过程。这是因为其原子非常擅于不仅与自身而且与其他元素的原子连接。碳可以形成数百万种不同的分子，每种分子都有不同的化学性质。

向大气排放碳

空气中的东西

✱ 塞缪尔·科尔里奇[5]有一首名为《老水手之歌》的著名诗作，描写了一艘不幸遇难的船，船员们被口渴折磨，而周围却是一片海水。如果您将海水换成氮气，您就会对动植物所面临的状况有所了解，因为它们同样试图获得至关重要的元素。

完美搭档

许多植物都带有固氮菌，豌豆及其近缘种非常欢迎它们。这些植物统称为豆科植物，它们在生长过程中和死亡后向土壤添加氮，为土壤施肥。早在公元前3世纪，古希腊哲学家泰奥弗拉斯托斯[6]便记录了豆类如何改善土壤肥力。尽管出现了人造肥料，但如今出于同样的原因仍在种植豆类。

豌豆欢迎固氮菌

甚至大型动物也要依靠固氮菌来获取氮

卑微者最伟大

✱ 氮是蛋白质和核酸的必需成分，所有生物都拥有蛋白质和核酸这些高度复杂的大分子。氮气约占大气的4/5，因此永远不会出现供不应求。但令人惊讶的是，动植物从未进化出直接利用氮气的方法。取而代

5 塞缪尔·泰勒·科尔里奇（Samuel Taylor Coleridge，1772—1834），英国诗人、文评家，英国浪漫主义文学的奠基人之一。中年时弃诗从哲，精研康德、谢林为首的德国唯心论。

6 泰奥弗拉斯托斯（Theophrastus，约前371—约前287），古希腊哲学家和科学家，先后受教于柏拉图和亚里士多德，后来接替亚里士多德，领导其“逍遥学派”。有《植物志》《植物之生成》《论石》《人物志》等作品传世。

之的是，只有把分子氮“固定”下来或转化为含氮化合物之后，它们才能利用氮。

* 固氮的方法之一是闪电固氮。闪电会使空气温度升高数千度，提供足够的能量以使氮和氧结合。然后，雨水将氮氧化合物冲入土壤。总的来说，到目前为止，最重要的固氮生物是一小组高度特化的细菌。没有它们，生物没有足够的氮可用，大部分生命将停止。

关键词

限制因子
使生物的生长发育受到限制的物理或化学因子。

回报客人

* 固氮的主要参与者——细菌以两种不同的方式存在，有些单独存在于土壤或水里，但大多数与植物生长在一起，附着在根表面或生长在根的内部。细菌以各种形式向植物宿主提供氮，反过来，宿主则为细菌提供能量丰富的食物和安全的环境。当动物吃植物时，氮就随之传递下去。

使用人造肥料会有惊人的效果

* 在世界许多地方，可用氮的缺乏是限制植物生长的主要因子之一；另一个是磷的缺乏。正如农民和生态学家所发现的那样，当突然去除其中一个限制因子，**如添加人造肥料（化肥等），其效果将是惊人的。但是，正如我们稍后将看到的，使用化肥还会造成难以解决的环境问题。**

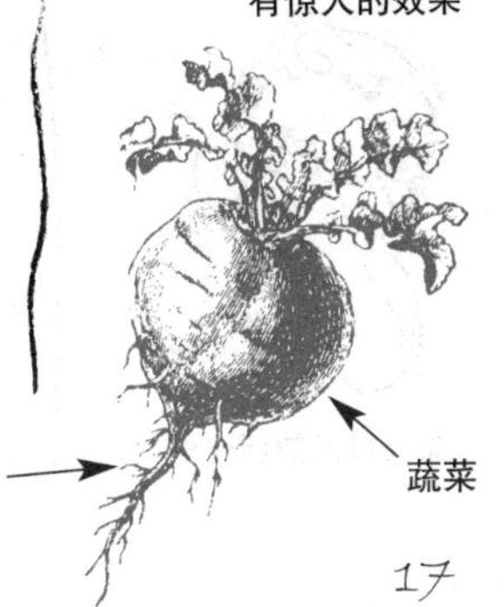

没关系，有足够的水浇灌

液体的旅程

* 所有生物地球化学循环都涉及水，因为水在所有生物内部形成了液体环境。但是水也形成了自己的循环。每年有5亿立方米的海水蒸发到空气中，然后形成雨水，使陆地生物得以生存。

所有生物都需要水才能生存

生命的介质

* 与水循环中所涉及的水总量相比，生物体的水只占很小比例。例如，全球人类身体里的水总量约为2亿立方米，大约是亚马孙河20分钟的流量。但是与氮和许多其他元素相比，水进入生物组织之后不会停留很久。大多数生物每天都会更新体内大量的水分，而且生物个体越小，这种更新就越快。因此流经生物体的水总量高得惊人。

生命所需的杂质

在自然界中，纯水很少见。即使在最原始的条件下，雨水中也含有溶解的物质，例如由闪电产生的硝酸盐。某些生命形式——包括生长在高树上的植物——依赖这些溶解的化学物质作为营养来源。

需要每天更新一些水

除了维持生命之外，人类还用水做很多事情

拧开水龙头

* 这个事实看似矛盾，但意味着只要活着，生物就有可能对水循环产生实质性的局部影响。骆驼或仙人掌对沙漠的水循环影响不大，因为沙漠中动植物的总质量很小。但是在森林里，生物的总质量要大得多，它们对水的影响就明显得多。森林的作用就像活海绵，在降雨后吸收雨水，然后将其化作水蒸气释放回空中。大森林可以在大范围内做到这一点，从而影响当地的气候。

* **人类的参与对水循环影响更大。这是因为我们不仅为了生存而用水，还将水用于工农业。在发达国家，这些额外用水量超过人类生物需求量的数百倍，这解释了为什么在一个充满水的星球上，我们人类对水循环的影响全世界都可以感受到。**

古老的水

一旦水以雨水的形式降落，它有两种返回海洋的途径——要么流经地表，要么深入地下。**与地表水相比，地下水通常流动非常缓慢，有时一年的移动距离不足1米。**在世界上的某些地区，例如美国高原的几个州，其下层岩石里包含数千年前降雨时储存下来的“化石”水。

能量与秩序

＊ 设想把一块已经溶解的方糖重新变回原形，这不是不可能，只不过可能性非常小。但是，对于生物来说，不可能的过程似乎总在发生。这是因为与其他物质不同，随着时间的流逝，生物利用能量变得越来越有序。

不要违规

隐藏的储备

所有生物都会建立能量储存，当外部能量供应暂时停止时，它们可以依靠这些储存渡过难关。例如，硅藻体内含有微小的油滴，油滴有助于它们漂浮，并在黑暗时充当燃料。植物的能量储存通常以糖或淀粉的形式，而动物找不到食物时，便消耗体内的脂肪充当燃料。

违反规则

＊ 有一类被称为硅藻的微小生物，它们的某些生命过程影响深远。硅藻生活在水中，它们用二氧化硅（我们用来制造玻璃的矿物）制成华丽的外壳来支撑自己。水里的二氧化硅含量通常很低，仅为百万分之几，远远低于一杯咖啡的含糖量。然而，硅藻设法从水里收集二氧化硅，并以高度复杂的方式对其进行成型处理。

＊ 从表面上看，此过程似乎打破了一个重要的物理原理——**热力学第二定律**。这个定律表明，当传递或转化能量时，其中的某些能量会变为

硅藻

无法使用的形式，结果系统变得更加无序。如果用物理术语来表达的话，就是系统里的熵增加了。

关键词

熵

衡量任何物理系统中无序状态的量。在封闭系统中，熵要么保持恒定，要么增加。在一个开放系统中，包括在生物系统中，熵可以减小，但是只能在局部范围内做到。

动力

* 物理定律适用于所有形式的物质，那么硅藻和其他生物如何设法颠覆这一定律呢？答案是它们没有。孤立地看，硅藻当然会随着其生长而变得更有序，但这只是故事的一部分。从整体上看，硅藻及其环境随着时间的流逝变得更加无序，因为能量和原材料最终变得更加分散。硅藻可以继续生长和繁殖，只是因为新的能量源源不断地以太阳光的形式传递。如果切断了能量供应，硅藻就会迅速死亡，然后很快就会出现无序状态。

* 这个物理定律适用于硅藻，也适用于所有生物，无论它们使用何种能量，**生命就像一台机器：没有持续的能量供应，它最终将停止运转。**

死亡预言

热力学第二定律有一个令人不安的含义：给予足够的时间，宇宙最终将到达一个点，在该点上没有可用能量做任何形式的功。对我们来说幸运的是，这种令人沮丧的情况（被称为宇宙热寂）离我们有数十亿年之远。

万物生长靠太阳

＊ 地球每年接收的太阳能足以使人类持续发展约 3 万年。这种能量的一小部分（只有 1%）被植物拦截，从而在生态传递游戏中建立第一条纽带，为大部分生命提供能量。

光在做功

＊ 植物通过光合作用来利用太阳能，这意味着“**生命是由阳光组合起来的**”。光合作用的化学过程非常复杂，但最终结果很简单：两种无机物质——空气中的二氧化碳和土壤中的水——结合在一起，变成了蕴藏能量的有机化合物。这些化合物构

生命的极限

有记录的海洋光合生命的生存深度为海面以下 268 米。在这样的深度下，生存着一种颇有争议的有机体——在巴哈马海域发现的红藻，它们凭借着还不到地面光强 1/1000 的光线竭力维持生命。

它们如何做到的?

直至 3 个世纪以前，人们还认为植物是通过“吃”土壤中的养分生存的。最早推翻这个观点的人是比利时医生**扬·巴普蒂斯特·范·赫尔蒙特**[7]，他把树苗栽入盆里，五年后测量幼树和土壤重量的变化。幼树的重量增加了 70 千克，但土壤的重量减少了不到 60 克。

7 扬·巴普蒂斯特·范·赫尔蒙特（Jan Baptist van Helmont，1580—1644），比利时化学家、生理学家、医生，气体化学研究的奠基人。

成植物组织并促进植物生长，其中的能量通过食物链得以传递。

* 植物不是最早进行光合作用的生物，但到目前为止，它们已成为这种生活方式最重要的实践者。植物每年生产约1000亿吨富含能量的化合物，这些化合物最终为地球上的大部分生命提供燃料。

二手食品

* 从能量的角度来说，光合作用使植物完全自给自足。为了生存，它们所需要的只是光和简单的原材料供应。大多数其他生命形式（包括动物）获取能量的方式就大不相同了，因为它们通过分解有机物质来获取能量。若没有其他生物首先制造出有机物，这些生物就不可能存在。这种根本的区别将生命世界分为两个阵营，分别称为自养生物和异养生物。自养生物直接收集能量，而异养生物则拣二手货，从自养生物或同类之间直接获取能量。

黑暗中的生命

* 地球上有一些环境，其中的生命基本不依赖光。在海底火山口、洞穴中和温泉里，一些细菌直接从溶解在水中的化学物质中获取能量和原料。如果太阳突然停止发光，这些原始生物将是唯一能够继续生存下去的生物。

关键词

光合作用

生物将光能转换为化学能的过程。在植物里，光能由叶绿素（叶子含有的一种绿色色素）收集。

自养生物

通过从环境中收集能量和简单的原材料来制造其所需的所有有机物质的生物。自养生物包括植物、藻类和一些细菌。

异养生物

利用现有有机物质作为能量和原材料的生物。异养生物包括所有动物和真菌，以及许多细菌和其他微生物。

吸纳阳光

*** 当被问及沼泽或农田哪个更高产时，大多数人都会选择农田。但是，答案完全取决于“高产”的含义。对于生态学家而言，沼泽常常胜出，因为它们可以以破纪录的速度将光能转变成生物物质。**

沼泽比农田更肥沃

营养物质的流失

海洋的生产力通常比较低，因为大多数生物死亡时会沉入海底。这意味着营养物质不断地从海洋表层移出，而所有初级生产都在阳光照射的海洋表层进行。但是也有例外，有些海区因为洋流从海床上涌，带来营养物质。这些上升流是非洲南部和南美洲西海岸海域出现丰富海洋生物的原因。

生产力竞赛

* 生态学用生产力衡量植物**利用太阳能产生新生物物质的速率**。在一年的时间里，每平方米的沼泽面积会增加约2.5千克的植物生物量，而相同面积的热带雨林约产生2千克。与此相比，农田往往落后。尽管它在生产人类食物方面确实高产，但其生物生产力平均仅为每平方米约0.65千克，仅略高于天然草地。

✱ 在生态学里，<u>初级生产力</u>是一个关键指标，因为它显示能量通过生物的传输速率。目前，我们通过消耗粮食、饲养动物和砍伐树木等方式消耗了地球约40%的初级生产力，这意味着只留下60%给野生物种。

高产生态系统

✱ 高生产力并不一定意味着生态系统中会堆满植物，因为随着新植物的生长，老的植物会腐烂。同样，植物生长会在不同的时间段内消耗能量。结果，一些生态系统负载着巨大的植物质量，而另一些则很少。

✱ 植物总质量称为<u>植物生物量</u>。在陆地上，生物量最高的是热带雨林，每平方千米地面上有多达45000吨的植物生物量。沼泽约有15000吨，而沙漠则少于1000吨。但是，在开阔的海洋中，生物分布更分散。在这里，微小的生物取代了植物，它们平均每平方千米约有3吨的生物量散布在茫茫大海里。

热带雨林

关键词

生产力

生物体内能量积累的速率。**初级生产力**表示光合作用生物体（通常是植物）从阳光中捕获能量的速率，而**次级生产力**是动物利用植物形成自身物质和能量的速率。

生物量

任何地方的生物总质量。通常不包括动植物中的水分。

传递中的能量

1970 年代，两位生态学家——**R. H. 惠特克**和**G. E. 莱肯斯**——计算出能量在植物中锁定（停留）的时间。在热带雨林，这一数字约为 22.5 年，而在草原，这一数字约为 3 年。对于生活在水里的微生物而言，时间要短得多，因为大多数微生物都是在出生几天后被吃掉。

生物的级别

每种生物都在能量链中占有一席之地

* 鹿在啃食树上的叶子时，会带走树从太阳获取的能量。但是当狼攻击猎物时，狼所汲取的能量可能已经通过了 3 ～ 4 种生物。我们可以根据生物在能量链中的位置(即食物的不同)，将它们划分在不同的营养级里。

多营养级消费者

有些消费者并非属于单一的营养级，而是可以被划分到几个不同的营养级之中。人类是一个很好的例子。例如，如果您吃个苹果，则是一级消费者；但是如果吃个牛肉汉堡，则是二级消费者。如果您喜欢吃鱼，这可以使您升为三级甚至四级消费者，因为鱼有可能从二手或三手食物中获得能量。

那头肥猪不会吃我

逐级上升

* 在生命系统中，最低的营养级始终属于生产者，生产者是获取能量并将其构建为有机物的必要的第一步。在陆地上，生产者几乎总是植物，但在水中，它们包括许多结构更简单而体型更小的生物，例如硅藻和其他藻类。这些在水中漂浮的生产者太小，无法用肉眼看见，但如果将它们视作整体的话，在所有生物收集的太阳能总量中，它们收集的可是占了很大的部分。

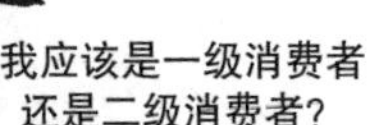

✱ 下一个营养级由一级消费者构成。这些消费者摄食由生产者制造的食物，然后又被二级消费者食用，后者又可能被三级消费者食用。但是至此处，能量链经常停下来。四级消费者——生命世界的超级捕食者——非常稀有。

逐渐消失的能量

✱ 能量链终结的原因是，在能量链的每一步，传递给高一级生物的能量中只有一小部分最终被用来构建生物本身。其余的（有时多达90%）用作燃料，使动物的身体正常工作。这些能量通常以热的形式散发到环境中，因此无法传递。

✱ **对于消费者来说，能量的逐级损失意味着收集能量的最佳方法是去除中间商并直接吃掉生产者。**这解释了为什么世界上最大的动物绝大多数都不是猎人，而是以植物为食的物种。这也解释了为什么狮子和鲨鱼这样的"顶级捕食者"往往很少。

关键词

营养级
一个物种在能量链里的位置。该位置显示出它与能量源之间隔了多少个中间物种。

生产者
利用光能或化学能制造有机物的物种。

消费者
以其他生物或其遗骸为食物的物种。

变温与恒温

就能量效率而言，变温动物在充分利用食物方面要胜过恒温动物。这是因为前者不需要消耗大量的热能来保持身体的温暖。但是，恒温是有回报的：温暖的身体可以使动物在周围任何条件下都保持活跃，增加了它们觅食的机会。

食物链与食物网

✱ 在 1920 年代初，英国生态学家查尔斯·埃尔顿[8]根据谁吃谁绘制了一张图，将一小块被寒风侵蚀的北极冻原上的所有动植物联系起来。这是一项艰苦的工作，但它确立了一个概念，此概念已成为生态学的关键部分。

以残渣为食的动物

任何食物网的重要组成部分都包括分解者。这些生物以其他生物的尸体为食。分解者（有时称为食碎屑者）包括昆虫和蚯蚓等小型动物，但分解过程的最后阶段是由极微小的真菌和细菌进行的。一立方厘米的土壤可以容纳 1000 万以上这些微生物。

关键词

食物链
把一个物种和另一个物种连接起来的食物流动途径。

食物网
多条相互连接的食物链。

看不见的连接

✱ 在自然界中，食物一定会有来源。通过在不同的营养级上下追踪，可以看到它最先出现在何处，以及最终消失在何处。这些结果加起来就是食物链，即食物能量通过不同物种时所走的路线图。

✱ 即便在像北极冻原这样荒凉的地方，也有数十种动植物。乍一看，这里的食物链很可能长达10个或20个环节。但是，由于每次食物传递都会损失能量，

8　查尔斯·埃尔顿（Charles Elton，1900—1991），英国生物学家。1927 年出版《动物生态学》，对生态学影响重大。

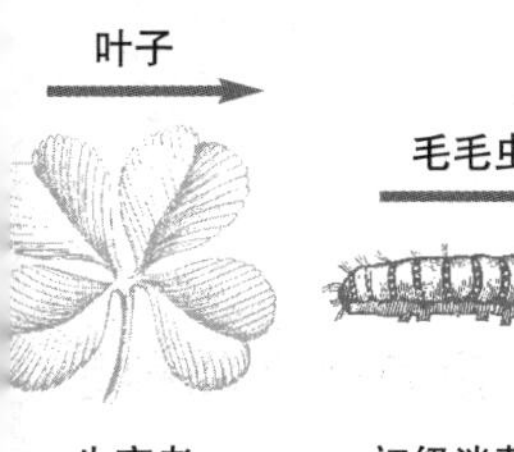

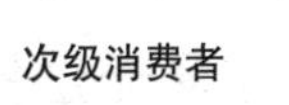

一条食物链可能有 4 ～ 5 个环节

因此食物链要短得多。6 个环节已经很好，许多食物链只有 2 个或 3 个环节。

连点成网

✱ 尽管每条食物链很短，但通常有很多条，它们共同构成食物网纵横交错的线路网络，通常看起来像是地铁设计图。如果食物网结构完整（很难实现）的话，它会显示食物在整个动植物群落中走过的所有路线。在典型的食物网中，有些动物仅通过几条线相连，而另一些动物则在主要交叉点上，这是因为它们的食物范围很广。不幸的是，有些动物出现在许多捕食者的菜单上。

✱ 绘制食物网是一项有趣的任务，尤其是在世界边远的地方。食物网不只是记录现状，还可以用来预测栖息地受到污染和一个物种数量减少或灭绝时的连锁反应，因为食物网能显示物种之间的联系。

查尔斯·埃尔顿

季节变化

大多数食物网——尤其是陆地的食物网——显示的是一年中特定时间的食物关系。季节变化可以改变食物网，尤其是在冬季，植物死亡，一些动物冬眠，其他动物迁徙。

旅行踪迹

在 1920 年代，**查尔斯·埃尔顿**通过观察各种动物的取食来构建他的冻原食物网。如今，我们可以用少量无害的放射性同位素对植物进行“标记”，然后通过追踪同位素在不同动物之间的传递来构建食物网。

混沌与复杂

✱ 食物链和食物网表明，在自然界，没有什么物种是完全独立的。即使在最无法接近的栖息地，生物也会相互影响，并与周围环境相互作用。这些相互作用是如此复杂，以至于无论怎样深入研究它们，结果都无法预测。

蝴蝶效应

混沌理论是在1960年代由气象学家**爱德华·洛伦茨**[9]提出的。他认为，即使可以预知上升气流的整体运动，也无法预测其确切路径。洛伦茨还指出，从理论上讲，任何微小的扰动（例如，蝴蝶扇动翅膀）都可能产生与其大小不成比例的连锁效应。此后，“蝴蝶效应”已成为整个生物圈相互联系的隐喻。

大自然比台球游戏还要混乱

不可预测的事件

✱ 在台球或桌球游戏中，游戏以可预见的方式发展。从理论上讲，如果您可以收集到足够的数据，则可以准确地预测每个球在被击中后的最终位置。但在自然界，情况根本不同。即使有足够的数据来填满地球上所有的计算机内存，仍然不可能预测生物系统的未来发展进程。整体情况是可以预见的，但细节不行。

9 爱德华·洛伦茨（Edward Lorenz，1917—2008），美国数学家与气象学家。混沌理论之父，蝴蝶效应的发现者。1963年获美国气象学会迈辛格奖。

＊ **这样的系统叫混沌系统**。但是，混沌系统并不一定只包括生物，还包含许多不同尺度的物理现象，从一堆沙子中的沙粒运动到整个地球上的大气和水循环。

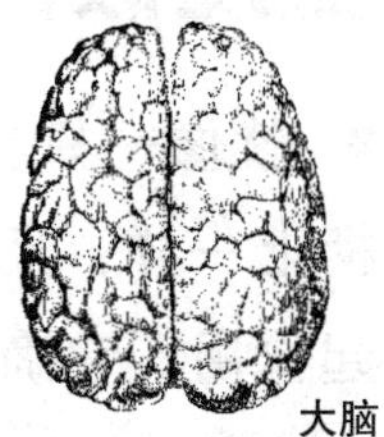

沿着既定方向前行

＊ 乍听起来，混沌的生命系统好像是一团乱七八糟的东西，方向捉摸不定，变化万千。但是，这并不是生态学家在研究自然界时所看到的。生命系统的日常细节通常会波动，但是从长远来看，连续性才是生命系统的总体情况。

＊ **那么，什么能控制混沌？一个因素就是生物具有内在的约束**。举例来说，一棵树无法突然进化出一种新的繁殖方式，就像大象无法在海洋生存一样。但一个更为深远的因素是控制，它是生命不可缺少的一部分。通过反馈过程，生物维持它们生存所需的稳定条件。但是，反馈系统有其限度。在不破坏系统的情况下，反馈可以达到什么程度，是当今生态学家面临的最紧迫问题之一。

反馈

反馈系统是一种对变化做出自动反应的系统。最常见的一种是负反馈，它可以使任何偏离返回最佳状态。人体温度由负反馈控制，一旦人体温度开始上升或下降，大脑中的传感器就会检测到这种变化。然后，大脑激活使体温恢复到正常水平的过程。正反馈具有相反的效果：它可以使变化增强。

动物过着它们适应了的生活

盖娅假说

✱ 就像一只看不见的手扶在舵柄上一样，反馈在生物内部起作用。它确保生物体内部环境尽可能保持稳定状态。但是反馈不仅在单个生物内部起作用。根据盖娅假说，它在整个生物圈中运作，维持生命生存的理想条件。

地球运转得像一部调节得当的机器吗？

自由呼吸

大约20亿年前，地球的大气层不含氧气。直到微生物通过光合作用开始生存，氧气才作为副产物被释放出来。自那时开始，大气中的氧气含量逐渐升至目前的约21%。这个含量足以支持需氧生命，但又不至于使陆地生命面临着火的严重危险。

能够自我调节的地球

✱ 毫无疑问，将世界作为一个整体，某些反馈机制在最大范围内运作。例如，如果大气中二氧化碳的含量增加，植物的生长速度就会加快。生长中的植物从空气中吸收更多的碳，有助于遏制二氧化碳含量的增加。同样，如果地球温度升高，则植物会释放更多的水蒸气。水蒸气的增加导致云量的增加，从而阻止大气温度升高。多亏了光合作用（本书第22～23页），大气的构成才是目前这种状态，而这**全因为地球上有了生命**。

✱ 1970年代，生物调节改变地球大气的化学组成等事实使英国化学家兼工程师**詹姆斯·拉伍洛克**[10]确信生物圈就像一个集成系统在运作，可

10 詹姆斯·拉伍洛克（James Lovelock，1919—2022），英国科学家，英国皇家学会资深会员，被誉为世界环境科学宗师，盖娅假说之父。在他的假说中，地球被视为一个“超级有机体”。

以优化生物的生存条件。他与美国生物学家**琳恩·马古利斯**[11]发展了这个看法，并以“盖娅假说”命名，盖娅是古希腊的大地女神。根据这个假说，生命世界就像一台巨大的自我调节机器，不断进行调整以保持稳定状态。

克劳德·伯纳德

稳定的内在状态

生物体保持稳定内部状态的看法最早是在19世纪由法国生理学家**克劳德·伯纳德**[12]提出的。在20世纪，美国生理学家**沃尔特·加农**[13]给伯纳德的概念起了个名字：稳态，字面意思是“静止不动”。稳态对于生命至关重要。这是因为仅在严格的条件范围内，维持生命所涉及的化学反应才能发挥最佳作用。

盖娅是真实的吗？

* 从首次提出那一刻起，盖娅假说一直存在着争议。拉伍洛克和马古利斯已经确定了一系列的反馈机制，这些机制可以支持盖娅假说，但是反对者发现有很多与盖娅假说相反的现象。一个更棘手的问题是盖娅假说暗示生物之间的某种全球合作，这与达尔文的生存竞争理论背道而驰。相互竞争的有机体共同努力维持平衡的观念已导致许多生态学家对盖娅假说持怀疑态度。

* **尽管人们对此看法不一，但事实证明，盖娅假说是一个有价值的构想。即使生物圈不是真正的单一实体，有时也会表现得酷似一个实体。**

沃尔特·加农

11　琳恩·马古利斯（Lynn Margulis，1938—2011），美国生物学家，美国国家科学院院士，美国国家科学奖章获得者，因有关真核生物起源的理论而著名，也是内共生学说的主要建构者。

12　克劳德·伯纳德（Claude Bernard，1813—1878），法国生理学家，法兰西科学院院士。首先提出盲法试验的人之一。

13　沃尔特·加农（Walter Cannon，1871—1945），美国生理学家。首先将X射线用于生理学研究，提出生物体“自稳态”理论。

第一章

还是家里好

＊ 把生物圈当作一个整体来研究的话，可真是令人生畏。它是大约3000万种生物的家园，里面有数不清的纠缠关系。幸运的是，生物圈可以分解为更简单的组分，这些组分称为生态系统。生态系统等同于居民区，里面的生物都是居民。

同一个生态系统内的居民不都总是和平共处的

居家

一些生态系统位于生物内环境中。例如，人类口腔黏膜上有数十种细菌，而在牙齿上已发现了300多种细菌。这些微生物构成了人体正常的“菌群”的一部分，它们以我们所吃的物质为燃料，建立自己的食物网。它们中的大多数是无害的。唯一一种有害的是变形链球菌，是一种与蛀牙有关的细菌。

邻里不和

＊ **生态系统由两个基本要素组成——生物和生存环境**。就像人类居住区一样，生态系统没有固定的规模：其面积可以像水坑一样小，也可以像整个森林一样大。用生态学术语来说，**生态系统的居民组成了一个“群落”**，即一种富有特色的生物集合，它们与周围环境以及彼此之间交换能量和养分。

＊ 生态群落虽然听起来很亲切，但并不意味着群落的成员关系都那么和睦，因为与邻居交换养分通常涉及捕获和吃掉对方。

在牙齿上已发现了300多种细菌

不断搬迁

✱　为了方便起见，生态系统通常被视为封闭且独立的单元。在现实中，大自然的疆界并没有那么清晰。许多生态系统的疆界模糊，边缘与其他生态系统融合。尽管每个生态系统都拥有永久的居民，但是大多数生态系统还拥有定期来往的物种。这些临时居住者有许多是迁徙动物，当某个生态系统提供优越条件时，它们在一年中的某个特定时间会迁徙到那里；当条件改变并且不太适宜生活时，它们就会转移到其他地方。

✱　除了这些临时居民之外，还有一些物种以不同的方式分配居住时间。身体发育发生变态的动物，例如青蛙、蝴蝶和藤壶，通常把一生中起始部分的时间安排在一个生态系统里生活，而成年动物则生活在另一个生态系统。通过改变体形，它们可以在年轻时利用一种食物来源，而在成年时利用另一种食物来源。更重要的是，改变体形有助于它们散布——所有物种都尽其所能，最大限度地提高生存机会。

关键词

迁徙

季节性移动到更有利的环境。

变态

体形逐渐或突然发生变化，产生与幼体完全不同的成体外观。

我想从这个生态系统开始

新想法，新名称

与生态学的许多概念一样，生态系统是一个相对新的概念。这个词最早是由英国植物生态学家**亚瑟·坦斯利**[14]在1936年创造的。

14　亚瑟·乔治·坦斯利爵士（Sir Arthur George Tansley，1871—1955），英国植物生态学家，生态系统概念的创始人。

像青蛙这样的动物在发育过程中会改变体形，从而提高生存机会

适合

✱ 在任何生态系统中，生物都不是随意分布的。相反，每个物种都有一个理想的栖息地——最适合它的生态系统的一部分。有些物种相当灵活，可以应付各种不同的栖息地；但是大多数物种的选择要苛刻得多，如果没有合适的条件，它们将无法生存。

每一个物种都有自己的位置

多维生态位

1950 年代末，生态学家**乔治·哈钦森**[15]通过将环境中的每个因素都视为空间的一个独立维度，把生态位的概念用数学形式表达出来。例如，如果一个物种具有三个基本要求，其生态位的划定范围将构成一个三维空间。如果有十个要求，则具有一个十维空间。尽管无法看到这样的空间，但可以将维度用作物种的统计描述。

螃蟹

“必须拥有”的矿物质

✱ 生物之所以这么挑剔，几乎总是由于特定的身体需要。例如，淡水小龙虾——螃蟹和龙虾的近亲——用碳酸钙（一种从水中收集的矿物质）建造自己的外壳。它们在硬水的河流和溪流中生长得很好，因为硬水含有丰富的溶解钙。换句话说，软水河流对它们则是个坏消息。这种河流可能食

小龙虾

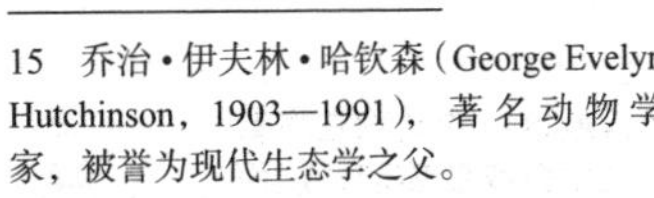

15 乔治·伊夫林·哈钦森（George Evelyn Hutchinson，1903—1991），著名动物学家，被誉为现代生态学之父。

物相当丰富，但是就小龙虾而言，钙的缺乏严格限制了它们的分布。

✱　矿物质只是决定一个物种栖息地的众多因素之一。其他因素包括温度、湿度和氧气含量、土壤的酸度、日照量或遮光度等。无论在哪个地方，很少能做到每个因素都绝对适合，但是只要有一个因素不在某一物种的耐受范围之内，那么该物种将活得不舒坦。

关键词

栖息地
植物或动物生活的地方。

生态位
物种在生态系统中的位置和作用。

寻找合适的生态位

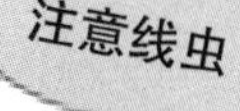

✱　如果您将生态系统视为一个社区，那么栖息地就是住所地址。不同的物种常共享相同的地址，但它们永远不会共享完全相同的生活方式。从生态学角度讲，**每个物种都有一个单独的“生态位”**。生态位远不止是生物生存的地方：它涵盖物种在生态系统中的所有功能，不仅包括其栖息地，还包括其整个生活方式。

✱　生态位在野生动植物保护方面具有重要意义，因为动植物与人类不同，它们无法改变生活方式。如果不满足其中一项生态位要求（即使其余所有条件都符合），它们很可能无法蓬勃发展，甚至有可能完全消失。

奇怪的栖息地
人类有时会创造出适合生物的栖息地。最奇怪的是潮湿的啤酒杯垫。有一种线虫似乎沉迷于这种平坦而“醉人”的环境，但在野外很少见到。

广幅种和专性种

*** 为什么有些物种对它们的生活方式和居住地如此挑剔，而另一些却不怎么挑剔？答案在于自然选择——进化的原动力。广幅种会利用各种机会，但专性种的专注面比较窄——这种选择方式有时候效果会更好。**

有些物种四海为家

自然选择

自然选择首先由英国博物学家查尔斯·达尔文提出，他在开创性的著作《物种起源》中对此进行了描述。自然选择有利于任何群体中对环境最适应和繁殖力最强的个体。这样它们的优良特征就会遗传下来，群体得到不断进化。自然选择负责选出生物几乎所有对环境的适应性状，包括它们的生态关系。

焦点群体

* 从生态学角度来说，广幅种是具有广泛生态位的物种。这些物种似乎总是比专性种做得更好，因为它们可以使用广泛的资源。这样它们就能产生很多后代，**这是生物学成功的标志**。

* 在某种程度上，广幅种比专性种做得更好，这个论点没有问题。但是，凡事都有两面性。广幅种（例如浣熊、乌鸦和八哥）是生命世界里杂而不精的动物。尽管它们可以利用多种食物，但并没有充分利用

浣熊

广幅种
利用多种食物

乌鸦

任何一种食物的本领。相比之下，专注于特定食物的物种可能非常擅长处理这种食物。在某种程度上，物种越特化，优势就越大。

追求特化

寻求平衡

✱　追求特化是生物不断进化的主题之一。在某些情况下，这个进化过程漫长而奇特。例如，作为非洲犬科成员的土狼有时会吃小型哺乳动物和鸟类，但其主要食物是白蚁，它用黏糊糊的舌头舔食。大熊猫更加奇怪，它的直系祖先是食肉动物，但它完全以竹子为食。

大熊猫只吃竹子

羽毛当被褥

有一种叫羽毛虱的寄生虫是世界上最伟大的生态专性种之一。它们以吸取鸟类的血为生，但它们很有选择性，每种虱子都以特定的宿主为食，很少出现在其他鸟身上。寄生虫与宿主之间的匹配如此精确，以至于通过研究虱子而不是鸟类本身就可以将鸟类的进化路线拼凑出来。

✱　如果关键资源丰富，那么专门利用这些资源的物种将获得丰厚的回报。**但是，正如大熊猫表现出的那样，这种生活方式存在风险：特化很难撤销。当人类改变栖息地，食物供应开始减少时，专性种会首先出现在伤亡名单上。**

抱歉，订座已满

生物多样性似乎有自然增长的趋势，除非某种干扰将其扭转。但是，生态学家不能确定在任何生态系统中，生物多样性是否可以持续攀升，或者最终是否会达到平稳状态，即生态系统的物种数量饱和。在这两种情况下，都会有新物种出现和旧物种灭绝。在第一种情况下，收益总是大于损失。而在第二种情况下，物种最终会保持平衡。目前，“平衡”模型占了上风，但是经过数十年的争论，这个棘手的问题仍然没有得到解决。

生物多样性

*** 南极半岛的寒冷海岸上只有两种开花植物，一种草和南极珍珠麦——与康乃馨有亲缘关系的植物。往北 8000 千米处，正是在亚马孙热带雨林腹地，开花植物数不胜数，以至于可能永远无法得知物种的真实数量。**

区域物种丰富度

* 南极半岛和亚马孙热带雨林之间的物种数差异可以用“生物多样性”一词来概括。生物多样性用于**衡量任何地区的物种丰富度**，无论是单个生态系统还是整个地球。这个术语经常出现在新闻报道和环保运动中，因为许多生物学家认为生物多样性与生态系统的稳定性有关。今天，全球生物多样性正在迅速下降。

达尔文意识到热带地区的物种比其他任何地方都多

生物多样性为何在热带地区高？

* 在19世纪，像达尔文这样的博物学家意识到，热带地区的生物多样性远远超过了世界其他地区。自从180多年前达尔文首次登陆热带地区，生物学家一直在争论为什么会这样。

* 显而易见的答案是，热带地区气候适宜，可以促进生物生长。由于有如此多的能量投入，新物种有无数的发展机会。但是，并不是所有的生态学家都相信这是真正的原因。另一个可能性是，热带地区是生物可以长久生活的好地方，而在任何地方生物的生长期越长，就越有可能出现更多的物种。

关键词

生物多样性

生态系统或更大区域内不同种类生物物种数量的一个度量。

火山爆发可能是物种灭绝的原因之一

大灭绝

* 在生命发展史上，至少发生了五次生物多样性突然崩溃事件。这些称为“大灭绝”的事件被认为是由多种因素触发的，包括剧烈的火山活动以及与来自外太空的物体的撞击。每次大灭绝后，物种数量需要数百万年的时间才能恢复到原来的水平。许多生物学家认为，我们目前正处在第六次大灭绝，这次是人类造成的。

私人属地，外人止步

生物多样性低并不一定意味着地面上的生物稀少。某些生态系统（例如红树林沼泽）的物种数量很少，因为只有少数动植物能够适应当地条件。但是，这些物种本身或多或少能独享这种生态系统，并且能够大量生长。

生态系统如何演替

人类的农业实践
影响生态系统

* 在19世纪中叶，许多美国农民向西部迁移，原因是耕犁技术有所改进，使得开垦草原和种植谷物成为可能。在东部，他们遗弃的田地成为生态演替的展示地。在这一过程中，物种为了占领空地而竞争。一个多世纪后的今天，这些田地许多都变成了森林，演替过程几乎完成。

大街上的演替

每年人类都在花费大量的时间和精力来阻止生态演替的发生。在铁路沿线喷洒除草剂，以阻止植物在轨道间生长；清扫并修补城市路面，以防止种子落地生根。如果这些维护停止了，植物最终将堵塞道路和市中心，并在它们死亡和分解时化为泥土。

接踵而来

* 在正常情况下，年复一年，生态系统看起来几乎没有什么变化。即使个别动植物死亡，物种的组合似乎也没有改变。但是，如果发生某种干扰，则这种均衡会被打破。通过演替，土地通常会以可预见的方式被自然界利用。

在城里遏制植物
生长是一项
全职工作

火在生态变化中
起着重要作用

✱ 在美国东部各州，最初的干扰发生在耕种刚开始的时候。农民向西迁移后，遗弃的田地开始发生变化。杂草种子借风传播，它们很快取代农作物。灌木需要比较长的时间才能形成群落，但它们能够逐渐把早期的先锋种排挤出局。树木总是姗姗来迟，最后才让人感觉到它们的存在，但影响最大。

给火添加燃料

在干燥的地方，火是生态干扰最常见的自然现象之一。尽管火看起来具有破坏性，但它并不总是有害。这是因为有些植物具有抵御火的天然能力，而另一些植物实际上依靠火来生存。美国黑松（*Pinus contorta*）是一种典型的依赖火的树木。它的球果只有在被火焰灼烤后才能打开，将种子散布在刚被火清理过的地面上。

顶极群落

✱ 这场争夺空间的慢动作竞赛的结果是形成一个相对稳定的物种群，称为顶极群落，其种群组合因地而异。在气候潮湿的地区，例如美国东部或西欧，顶极群落通常是森林。在干旱的地区，例如美国中西部或中亚，顶极群落会是草地或灌木丛。

✱ **生态学家曾经认为，顶极植被是生物群落或多或少停止变化的终点**。今天看来，很明显事情并非如此简单。即使在顶极群落，某些物种也会暂时占上风，而另一些则周期性地减少。尽管我们可能并不总能注意到，但变化一直在持续。

关键词

演替

群落里的物种受到生态干扰后的有序变化。

先锋种

演替发生早期到来的物种，但是通常在演替完成时被淘汰。

等待角逐

1963 年 11 月，冰岛沿海一次火山喷发形成了一个完整的新岛，创造了一个最理想的生态机会——等待生物的来临。这个被命名为叙尔特塞岛的岛屿，一直是物种演替研究的对象，所有新来的物种都经过认真记录。叙尔特塞岛的严酷气候意味着其植物群落仍然相当贫乏，主要由苔藓、少量的草类和一种通过漂浮种子传播的沙蒿组成。岛上经常有海鸟来访，它们的粪便提供了天然肥料，可帮助许多植物生存。

我的粪便
提供了
天然肥料

海雀

唯有最坚强的物种
才能生存

从头开始

✱ 演替并不总是大自然收复最近失去的土地。有时，地质过程会创造出全新的环境，这些环境开始时没有自己的居民。在这种环境里，演替是一件缓慢的事情，因为开始时，唯有最坚强的物种才能生存。

抢占滩头

✱ 与最近有生物居住的地方发生的次生演替相反，这种自然入侵称为原生演替。光秃秃的土地无论原本就是这样，还是新形成的（例如由于火山喷发、冰川退却或流沙转移），生物都有机会迁入，原生演替就此开始。

✱ 与接管废弃的土地相比，新来的植物在光秃秃的土地上站稳脚跟绝非易事。幼苗有时会在岩石缝隙中萌发，但是如果没有土壤，干旱会是一个持续的威胁，而且获取矿物质营养可能会很困难。植物在沙子中生根更容易，但沙子表面可能会灼热，并且有被沙覆盖的危险。

这里根本没有土壤

在光秃秃的地面上建立家园并非易事

开垦新土地

* 当植物在新的土地上扎根后，其他植物就容易跟进了。随着它们的生长与死亡，残骸与尘土颗粒和岩石混合，形成了最初的土壤。一旦形成一层土壤，就会有更多的植物跟随早期的开拓者进来，然后是动物。

* 在阿拉斯加的冰川湾国家公园，过去200年来，冰层已经退缩了50多千米，生态学家对此进行了详细研究。在这里，频繁的降雨有助于植物安家落户，并且冰川退却、地面暴露的25年内，上面已经有5厘米的土壤和腐烂的叶子。50年后，土壤深达15厘米，地面覆盖着小树。**150年后，树木形成了森林，原生演替已经完成。在干燥的气候中，演替通常要慢得多，而土壤形成所需的时间要长得多。**

最好的先锋种

地衣通常是攻占光秃秃岩石的第一批生物。这种藻类和真菌的共生体生长缓慢，但是可以在远低于冰点的温度下生存，并且可以忍耐持续数月之久的干旱。地衣还产生侵蚀岩石的化学物质，有助于土壤形成。

地衣可以在最光秃秃的岩石上生长

主旋律和变奏曲

✱ 从人类的角度来看，西班牙南部和加利福尼亚州南部之间或婆罗洲和巴西之间存在着差异。但是从生物学角度讲，这些地方有很多共同点，它们的动植物以类似的方式适应了环境。这些特征群被称为生物群系，它们可用于绘制地球所有生物的分布图。

嗜酒者的生物群系指南

地中海灌丛——在欧洲称为马基斯群落（在美国也称为“查帕拉尔群落”）——是世界上规模最小且最独特的生物群系之一。除了地中海本身，加利福尼亚州、智利中部、南非的开普地区和澳大利亚也有这种独特的生物群系。这些地方的夏季漫长而干燥，冬季温和而湿润，是种植这种生物群系最著名的作物——葡萄的理想之地。

似曾相识

✱ 与生态系统或栖息地不同，**单个生物群系可以覆盖地球表面辽阔的土地**。例如，针叶林到达了全世界3/4的地方，从北美、斯堪的纳维亚半岛到西伯利亚。这片巨大的森林区系的惊人之处在于，至少从远处看，该针叶林区系每个部分都非常相似。除非您进入森林对每个动植物加以识别，否则很难精确地确定自己身在何处。

✱ 这片大森林之所以与众不同，是因为它的物种很少，而且许多物种分布在一个以上的大陆上。但是所有其他生物群系——包括沙漠、草原和冻原——无论分布在何处，也具有相似的特征。它们是自

针叶林无论在哪里，看起来都差不多

然界伟大的生态主旋律，这些主旋律因地而异，产生许多变奏曲。

齐头并进

✱　大多数生态学家认为，地球上大约有12个主要生物群系。但是比总数更重要的是，为什么地球上存在这些可识别的生物群系？答案是，它们是通过平行进化发展起来的——这是生物对相似的气候条件做出相似的适应的过程。例如，草原存在于过于干燥、森林无法建立的地方，但那里有足够的降雨以防止沙漠取代它们。

改变原始世界地图

✱　生物群系在环境研究中占有重要地位，它揭示了人类活动是如何改变大自然的原始世界地图。对于某些生物群系，例如针叶林，人类对它们的影响不大。**对于其他群系来说，缩减十分严重。以热带雨林为例，现在的面积大约是以前的一半，而热带旱林（已低至原来的30%）则损失最为严重**。这种森林面积的缩减以多种方式发生，并且成为当今我们面临的大多数生态问题的核心。

关键词

生物群系

又称生物群区，由诸如植物集群、动物集群和土壤生物集群的各种生物群落组成，是生态学上气候条件相似并按照气候和地理划分的区域。

热带旱林的消失速度甚至快于雨林

地下的影响

气候是塑造生物群系的关键因素，但并非唯一的因素：有时土壤也会发挥作用。在亚马孙河流域的某些地区，土壤是沙质的，而且非常贫瘠。这些地区的生物群系不是“正常”的雨林，而是卡廷加群落，那是由具有革质叶的纺锤树组成的矮林。

在过去，松鼠脚不落地就可以穿越欧洲

高层栖息地

* 森林曾经覆盖了地球 2/5 的土地。树林的覆盖面如此之广，以至于如果松鼠精心选择路线，它可以无须踏上地面就能跨越北美或欧洲。如今，一只试图故伎重演的松鼠很快就会遇到问题，因为现在的森林远不及从前辽阔，并且已经变得支离破碎了。

失衡的生命区

北半球高纬度区的针叶林带是世界上最大的森林，面积约 1500 万平方千米。这种森林在南半球是没有的，因为那里没有可以供之形成的土地。北半球的针叶林也被称为波瑞森林——来自希腊神话的北风之神波瑞阿斯。

世界森林

* 任何地区的森林类型主要取决于温度和降雨量。靠近赤道，那里的气候总是湿热的，因此形成了热带雨林。这种森林比地球上任何其他陆地生物群系都拥有更多样化的物种，但其中大部分都在高处，难以看到。在森林地面的浓荫下，动物常常显得稀少。

* 热带雨林虽然总能登上新闻头条，但它并不是温暖地区唯一的一种森林。远离赤道的地方旱季和雨

巨大的红杉

砍伐一棵树比种一棵树要容易得多

季交替，热带雨林让位于热带季雨林，离赤道更远的地方的热带旱林是所有森林生物群系中受威胁最大的群系之一。

落叶

* 在热带季雨林和热带旱林里，许多树木在旱季会落叶，雨季一到又长出新叶来。在温带地区，许多阔叶树也落叶，它们这样做是为了越冬而不是为了抵御干旱。但是在更北的地方，温带森林逐渐过渡到针叶林，常绿的格局又恢复了。这里的树木叶片狭窄，可以承受远低于零度的低温。

进入第 *N* 维

* 树叶是森林具有高生物生产力的主要原因。如果将森林中一棵大树的叶面积加起来，很容易达到它占地面积的10倍。如果把树枝和树干也算在里面，总面积将超过占地面积的很多倍。仅仅通过生长，树木就可以创造出复杂的迷宫般的栖息地。这种栖息地可能需要几个世纪的时间才能形成，但是人类可以在短短几分钟内就将其砍伐。

没那么热

雨林生长在全年气候潮湿的任何地方。世界上大部分的雨林都在热带地区，但是在温带地区也有雨林，例如新西兰的南岛、智利南部和北美的西北海岸。这些温带雨林大多受到滥伐的威胁。

关键词

阔叶树

除了针叶树以外的开花树木，令人困惑的是一些阔叶树（例如柳树）也只有狭窄的叶子。

走出草原

＊ 人类是在草原上进化而来的，比起树林或森林，大多数人感觉草原更像自己的家一样舒适，这恐怕并非偶然。在森林里，吸收的大部分太阳能用在地面的木材和叶子上，但在草原，被吸收的太阳能多达 4/5 最终进入地下，用于根系生长。

草原是我们的自然栖息地

体内盟友

很少有动物能独立消化纤维素，大多数依靠微生物完成这项工作。包括牛、羚羊及其近亲在内的反刍类哺乳动物将这些微生物藏在称为瘤胃的大胃室中。一旦微生物分解了纤维素，反刍动物就可以吸收释放出来的营养。

羚羊

隐藏的实力

＊ 草是不寻常的植物。**它们的根系并不特别深，但是伸展的幅度非常广阔。**例如，黑麦幼苗的根系总表面积可超过600平方米，是网球场面积的3倍左右。这些根使草能够在困难时期生存。它们还将土壤联结在一起，防止季节性干旱时期的土壤侵蚀，否则土壤会被风吹走。

棘手的食物

＊ 草的叶子含有大量纤维素，大多数动物都无法独立消化这种物质。但是，由于有微生物帮助分解它，许多有蹄哺

母牛

乳动物很少吃别的，专门以草为食。**这些哺乳动物实际上有助于草类植物的繁盛**，这听起来似乎是天方夜谭，但事实确实如此。因为草适应了放牧，如果其他植物反复被啃食则会死亡。

人造草原

* 天然草原最初覆盖了地球约1/3的陆地表面。其大部分已经被改造成耕地，但是人们也通过砍伐森林建造新草原。人与草原之间的相互作用是一个复杂的过程，但是今天的结果是，天然草原已经缩小到原始面积的1/4左右。

* 在有些地方，森林很久以前就已转变为草原，因此很难判断它是否是天然的。但是如果没有羊、牛和其他驯养的食草动物，则生态演替（第42～43页）会将这种“人为”的草原最终恢复为森林旧貌。

关键词

反刍动物

具有复杂消化系统的有蹄类食草哺乳动物。它们在不进食的时候会将在胃中部分消化的食物返回嘴里再次咀嚼。

人为

在生态学里，指的是人类对环境造成的影响。

草与树

热带稀树草原是散生树木的热带草原。在这种环境下，树和草之间的平衡一直在变化，动物和野火有助于把稀树草原朝一个方向或另一个方向推进。例如，大象破坏树木，从而有助于草的生长；但大象也通过粪便散布树种。

大象通过粪便播撒树种

旱地生物

* 森林和草原已因人类活动而发生了变化，但到现在为止，世界上的沙漠基本上没有受到破坏。沙漠在世界生物群系中是独一无二的，具有因人类影响而扩大的独特之处——沙漠可以蚕食用于种植食物的土地，因而成了问题。

沙漠是地球上最干旱的地方

展望：干旱

真正的沙漠通常年降雨量少于15厘米。半沙漠是年降雨量15～30厘米的地区。它们共同覆盖了地球约1/4的陆地表面。

长久的印迹

由于沙漠植物生长非常缓慢，因此遭受任何破坏之后都需要很长时间恢复。在1970年代后期，第二次世界大战35年后，突尼斯南部的沙漠里仍然可以见到坦克经过的痕迹。

生存策略

* 沙漠是水蒸发快于补充的地方。尽管大多数沙漠白天的气温高，但日温差比任何别的生物群系都大，天黑后温度有时会降至冰点以下。世界上大多数沙漠都位于亚热带，但在高纬度地区也有沙漠，甚至在南极洲都存在沙漠山谷。

* 沙漠生物有两种主要的生存方法：要么艰难应对，要么跳过艰难时期。

刺梨仙人掌

仙人掌是采用前一种方法的最佳代表。它们的根系很广，分布在地表附近，因此可以迅速拦截零星降雨中落下的水。获得这些水之后，它们确保几乎不会浪费。仙人掌生长缓慢，但寿命通常很长。

✱　一些被称为“短命植物”的沙漠植物恰恰相反。它们在下雨后几小时内发芽，然后以极快的速度将所有能量投入开花结果。种子散播后，它们就会枯萎并死亡。

黄毛掌

关键词

短命植物
可以在很短的时间内完成其生命周期的植物。

扩张中的沙漠

✱　世界上大多数沙漠都是由环绕地球的高压空气带造成的。这种空气携带的水分很少，因此难得形成降雨。沙漠也形成于大陆中心和高山背风地带的“雨影”里。例如，巴塔哥尼亚干旱的原因是安第斯山脉，后者阻挡了来自西部能带来降雨的风。但是和人造草原一样，人们也可以建造沙漠。这通常是由于过度放牧导致干旱土地上的植物被剥夺，然后土壤被风吹走。现在，这个称为沙漠化的过程是世界许多地方的主要问题。

水在哪里?

雨中景观
因为植被少，沙漠容易被间歇性暴风雨侵蚀。缺乏植物和土壤意味着大部分雨水在降雨导致的暴洪中流失，而不是渗入地下。

严寒

✱ 在高纬度和高海拔地区，生物要生存就面临着严峻的问题，其中包括零度以下的温度、强风和经常缺少食物。但是在山区和两极附近生活也有一些好处：很少有物种争夺资源，因此更容易取得成功。

低头!

在冻原，狂风迫使植物采取一种紧贴地面的生活方式。在冬天，这些植物被雪覆盖着，从而保护它们免受外界的严寒。对于冻原植物，在积雪很浅的地方生存最困难。

惊人相似的植被

✱ 在世界上大部分地区，高度每上升1000 米，平均气温下降大约6.5℃，这种变化被称为气温直减率，这种现象解释了高海拔地区和靠近两极地区的生态相似性。例如，加拿大的西北部地区为北极冻原覆盖——无树的草丛和垫状植物生长在雪原和冻碎的岩石之间。在向南约3000千米处，在落基山脉的顶峰上可以看到几乎相同的高山冻原环境。两者之间的区别在于加拿大的冻原位于海拔接近海平面处，而落基山脉的冻原则位于海拔3500米的高山之巅。

全天候生命

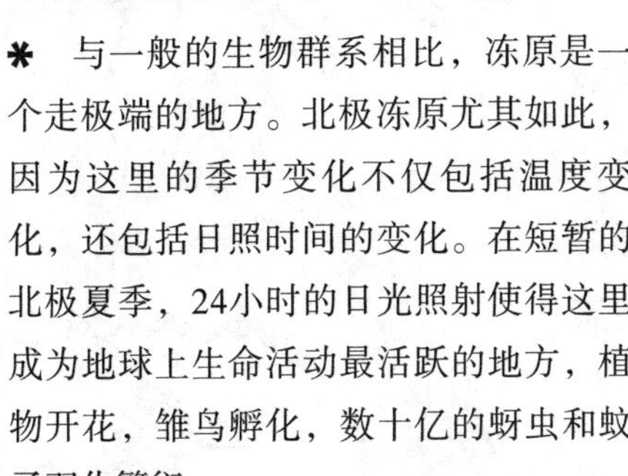

✱　与一般的生物群系相比，冻原是一个走极端的地方。北极冻原尤其如此，因为这里的季节变化不仅包括温度变化，还包括日照时间的变化。在短暂的北极夏季，24小时的日光照射使得这里成为地球上生命活动最活跃的地方，植物开花，雏鸟孵化，数十亿的蚜虫和蚊子羽化繁衍。

✱　全天候的日光还有助于解释为什么两极附近的海洋生物如此丰富。冬季，行光合作用的浮游生物数量下降到最低水平。但在春季和夏季，它们迅速增长，产生大量的食物，这些食物通过鱼、鸟和哺乳动物传递。

蚊子

✱　冰冷的海水似乎不是生物理想的栖息地。但令人惊讶的是，在某些方面，冰冷的海水实际上是一种优势。这是因为冷海水比暖海水含有更多的溶解氧和二氧化碳，有助于海洋生物大量生长。

快来，这里的水真暖和！

在严冬里，**南北两极的气温可以降至 −40℃**，但海水温度从不低于 −1.8℃，因为在这个温度以下，海水会冻结。结果，水里比外面温暖得多。不利之处是，海水在传导热量方面也比空气快得多，因此动物体内的热量被迅速耗尽。极地鸟类和哺乳动物可以通过一层绝缘的脂肪或海兽脂来保护自己，减少热量散失的影响。

皮毛和脂肪帮助北极熊保暖

来吧，这里很暖和

淡水世界

✱ 生态学家有时似乎对淡水环境有浓厚的兴趣，有一点经验的人就知道为什么。这些环境经常充满生机，然而不幸的是，当污染引起环境变化时，它们也经常首当其冲。

山上的溪流往往缺乏维持生命的营养物质

分层的水世界

由于水的密度随温度的变化而变化，因此深水湖常常被分为两层，每层都有其独特的生物。把湖水分隔开但是不可见的边界称为温跃层。这种分层在夏季水面温度达到最高时最为明显。在秋季，表层水的冷却和下沉通常会打破温跃层，使夏季分层的水混合在一起。

疯狂捕食

✱ 没有生物可以在纯净的淡水中存活，因为所有形式的水生生物都需要一些基本的矿物质营养。山间溪流和湖泊周围的土壤通常养分贫乏——这意味着营养供应不足。因此，这样的水体中几乎没有动植物，并且通常是清澈透明的。

✱ 高山的寡营养条件与平原常见的富营养条件形成对比。平原的池塘和湖泊被肥沃的土地包围，因此养分很少出现短缺。雨水将养分从土壤中冲进池塘和湖泊，春季经常带来微型生物的种群暴发。生物生产力的迅猛发展为动物提供了许多食物，并且产生持续不断的有机剩余物，在湖床上形成丰富的淤泥。

* 但是，物极必反。当营养丰富的合成肥料冲入溪流和河流时，微型生物的种群暴增可能失控，反而导致生物群落突然崩溃。

关键词

富营养

字面意义上为“营养充足”，指富含大型植物和浮游植物生长所需营养物质的水体。

寡营养

字面意义上为“营养贫乏”，指营养物质含量较低的水体。

消失的湿地

* 在很长一段时间（通常是数百年或数千年）里，浅水水体经常受到植物入侵。这种缓慢而隐秘的生态演替形式造就了湿地，植被覆盖了淹水的土地。湿地土壤深而肥沃，因为植物残留物积累的速度往往快于分解的速度。

* 湿地只覆盖了地球表面的很小一部分，但它们的生物学重要性与其大小不成比例。它们是天然的滤水系统和侵蚀屏障，并且是大量鸟类的家园和越冬场所。但是在过去的两个世纪里，世界上的湿地正迅速消失，许多湿地被排干变成了农田。仅在美国，每年就约有20万公顷的湿地被摧毁。

池塘生物

海岸和海洋

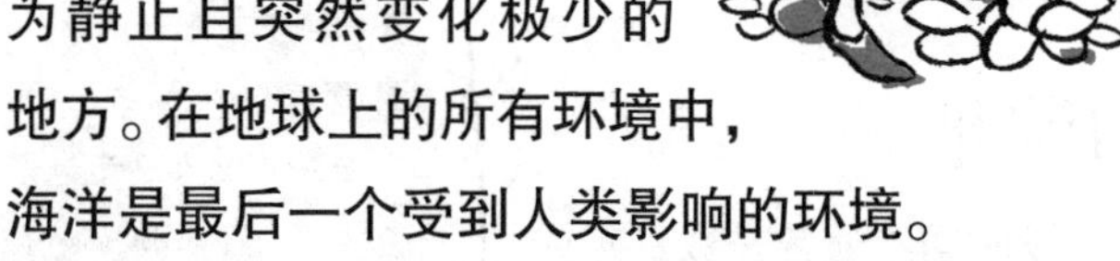

海岸线受到人类活动的影响

* 海岸和海洋在物理学和生物学上都迥然不同。海岸随着潮水的起落而变化，但是远洋是更为静止且突然变化极少的地方。在地球上的所有环境中，海洋是最后一个受到人类影响的环境。

宅居者和走动者

海洋生物学家根据生物的居住地以及它们的移动方式对生物进行分类。沿岸带物种生活在岸边水域里，敞水带物种生活在开阔水域里，而底栖物种生活在海底。浮游生物随着潮流而漂移，自游生物个体大，可以在水中游动。

了解海洋深处

* 生态学家已经收集了有关海岸及其自然生物群落（尤其是不会游走的生物）的大量数据，但对远洋生物的了解很少。盐度、温度和含氧量对生物分布都有影响，但更重要的因素是光照。

* 即使在**南极洲附近最清澈的海水中，**光穿透的深度也不会超过300米。这个深度之上是透光带，光合生物可以在这里生产食物。这个深度之下是永久黑暗的无光带，光合作用不能进行，因此光合生物无法生存。光屏障下方的生物几乎完全依赖于从屏障上方向下漂移的食物流，包括源源不断的死亡的微型生物，以及偶尔但更

为重要的营养物质，例如死鱼、海鸟、海豹甚至鲸鱼。由于海洋的平均深度超过3500米，因此，透光带仅占整个海洋的一小部分。

声呐员

海洋食物

* 几千年来，人类一直在沿海地区寻找食物。当时北美的捕获量可以从堆在海边的贝壳丘得到印证，这些贝壳丘是在那里收集软体动物的美洲原住民留下的。捕鱼也是一项古老的活动，尽管规模不像今天的那样大。

拖网渔船

* 与陆地栖息地不同，海洋并未因人类的占据而改变，但海洋日益受到我们生活方式的影响。这些变化大部分集中在沿海地区、珊瑚礁和大陆架上的浅水区。**在北大西洋的某些渔场中，海床上布满被拖网拖出的纵横交错的痕迹，表明对人类而言，即使这样遥远的世界也近在咫尺。**

虚假的海底

1917年声呐的发明使通过声波绘制海底图成为可能。但是，当海洋学家开始使用这项新技术时，他们大吃一惊。他们在开阔的深水区发现了以前未知的“浅滩”。**这种浅滩被正式标记为“深层散射层”。它们其实是鱼群和浮游动物群。**这些生物群每天进行垂直迁移，晚上在海面附近觅食，白天则藏在深水里。

生物地理学

*** 如果气候是决定生物分布的主要因素，那么企鹅将生活在北极地区，而牦牛将漫游在落基山脉。但是在现实世界，自然并没有以这种方式运行，因为生物具有将其与世界特定地区的特定栖息地联系在一起的历史。**

生物地理分界

生物地理学是由英国博物学家**阿尔弗雷德·华莱士**（Alfred Wallace，1823—1913）率先提出的。华莱士因从事进化论研究而闻名（他几乎击败了达尔文），他走遍了热带地区，并在东南亚度过了很多年。他认为世界可以分为六个“动物区”。即新北界（北美洲），新热带界（中美洲和南美洲），古北界（欧洲、北非、中亚和北亚等），埃塞俄比亚界（撒哈拉以南非洲和阿拉伯半岛等），东洋界（南亚）和澳大拉西亚界（澳大利亚、新西兰和新几内亚）。每个区都有自己独特的动物区系。

阿尔弗雷德·华莱士

受限于起源地

* 地球上的每个物种仅起源一次,有些从不会远离它们最初出现的地方，而另一些则设法传播得很远。但是，无论动植物的传播能力如何强，它最终都将遇到无法跨越的地理或气候障碍，**因此其分布受到限制。**

✱ 生物对某个区域的喜爱在各种地理尺度都可以体现出来。例如，在夏威夷群岛，多种蜗牛被限制在某个山谷里。而在热带非洲，不少淡水鱼仅生活在特定的湖泊中。在更广泛的层面上，所有物种倾向于局限在地球表面的几大块区域，这就是生物地理区。

独居

✱ **这些生物地理区之所以形成，很大程度上是因为大陆板块在移动。数百万年来，各个大陆板块带着生活在其中的生物反复碰撞并再次分离**。相对较新的大陆（例如北美洲和欧洲）由于它们的物种有机会混合在一起，因此拥有相似的野生生物。像澳大利亚和马达加斯加这种已长期隔离的陆地，特有种——在世界上其他任何地方都找不到的物种——比例很高。

✱ 特有种极易受到从外部引入的物种的影响，因为它们通常缺乏竞争所需的资源。对于像毛里求斯这样的偏远岛屿，引入种的影响是深远的。毛里求斯在1680年左右失去了最著名的居民——渡渡鸟。如今，近40%的本地鸟类和哺乳动物都处于灭绝的危险之中。

阿尔弗雷德·魏格纳

你开玩笑呢吧!

大陆漂移理论是1912年由德国地质学家**阿尔弗雷德·魏格纳**（1880—1930）首次提出的。它在当时被广泛嘲笑。但在1960年代，海底扩张的证据表明这是真的。

唯一的家园

据说小魔鬼洞鳉鱼是地球上所有动物中分布最受限制的动物之一。整个物种（约400条）生活在内华达沙漠中的一个小水塘里。

渡渡鸟

这些都是你住在远方的亲戚

远方的亲戚

＊ 就像游乐场里缓慢行驶的碰碰车一样，数百万年来，各个大陆在按照相当复杂的路线漂移。同时，海平面升升降降，地球气候时暖时冷。这些地质和气候变化都对生物产生巨大的影响，有时使它们的近亲聚居在一起，有时又迫使它们分开。

跨过陆桥

爱尔兰西南部是一种奇特的草莓树——洋杨梅（*Arbutus unedo*）——最不可能的家。如今，大多数草莓树生长在地中海阳光普照的海岸附近。但在最后一个冰期末，洋杨梅扩散到欧洲西海岸，通过陆桥到达爱尔兰。陆桥消失以后，只剩下小片的洋杨梅仍然生活在爱尔兰的边远地区。

分离

＊ 植物界和动物界都包含着一些亲缘关系密切的物种，但它们生活在世界上相距甚远的地方。例如，貘在中美洲、南美洲以及东南亚都有发现。玉兰生长在北美和中国，而南部山毛榉则生长在智利和新西兰——这两个国家的气候相似，但相距数千里。这些间断分布使19世纪的博物学家感到困惑，他们提出了许多别出心裁的解释。但是，他们错过了真正的原因——大陆可以分裂和分离，将曾经生活在一起的动植物分开了。

下沉的陆桥

✱　大陆漂移解释了原本可以遍布整个地球的物种，现在的分布区之间居然存在着如此巨大的鸿沟。但是，当气候快速变化、改变当地条件或土地布局时，物种也会发生分隔。

✱　当平均温度下降时，由于地球冰盖增加，海平面因此下降，浅海区的海床就暴露在大气里，于是动植物可以扩散到近海岛屿。但是，当温度开始升高时，陆桥被淹没，任何不能飞翔或游泳的生物都被困住了。

✱　温度升高也可能迫使适应低温的物种往高处迁移，使它们滞留在高地上，西班牙冷杉就遭遇到这种困境。这种树在上个冰期结束时退到高处，被“困在”西班牙南部的山区。如果全球变暖导致气温另一轮急剧上升，那么许多动植物可能会转移到高处以躲避高温。

神秘的灰喜鹊

在动物界，灰喜鹊（*Cyanopica cyana*）的分布是最为怪异的现象之一。它在远东以及葡萄牙和西班牙都可以找到。造成这一分布范围巨大差距的一种解释是，它是几个世纪前由贸易商带到欧洲的。另一个解释（许多鸟类学家认为更可能）是它曾经生活在整个欧洲和亚洲，但由于气候变化而被迫向东和向西撤退。最终，中间地带的灰喜鹊绝迹。

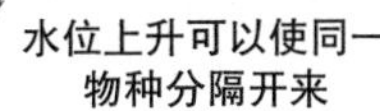

水位上升可以使同一物种分隔开来

第二章

生物数量问题

* 无论是旅鼠、岩石上的地衣，还是地球上 70 亿人口中的一员，一生中有三件事情必定发生：出生、衰老和死亡。用数字来诠释这些事件有助于解释为什么地球没有被埋在鱼群或细菌堆里，以及种群数量为什么会增加和减少。

一生中有三件事情必定发生：出生、衰老和死亡

生为一只旅鼠，我真的很开心

聚在一起

* 生态学中最重要的特征与种群有关。从生物学的角度讲，种群是同一个栖息地某个时间里同种生物个体的总和。例如，在阿尔伯塔的伍德布法罗国家公园濒临灭绝的美洲鹤构成一个单一的种群（而且令人伤心的是，这个种群的个体数量所剩无几）。而另一边，在北大西洋海岸繁殖的海雀组成许多种群，因为从遗传变异的角度来说，每个种群与邻近的种群都有不同程度的隔离。

鹤

一个或一群?

对于计算生物的数量来说，植物比动物更难。其中一个原因是植物个体的划分并不总是很清晰。例如，白杨或欧洲蕨经常通过地下茎或根连在一起，很难决定每丛植物里包含多少“个体”。

有生就有死

种群内的成员
可以一起繁殖

* 种群的主要特征是它们内部有自由的基因流。换句话说，没有环境障碍阻止任何一对成体聚在一起繁殖。另一个主要特征是，只要有机会，它们的种群数量就有增加的潜力。有一些种群，例如大象，它们的增长率是相当低的，但是小动物和大多数植物的增长率是如此之高，以至于后代多得令人难以置信。例如，理论上鲱鱼可以在几年之内将整个大西洋填满。较小的生物，例如细菌，拥有更高的繁殖率，理论上它们几个星期内就可以淹没整个地球。

*** 幸运的是，这种事情不会发生。相反，自然界中的生物种群的数量通常年复一年保持惊人的相似，这一事实使得我们的人口增长更加引人注目。**

种群普查

自然种群数量调查并非易事。对于动物，有个捷径是采用标记重捕技术。首先，记录被抓到动物的种类和个体数，然后给它们系上标签或涂上油漆标记，再把这些动物释放。几天后再捕获一批。在第二批被捕获的动物里，通过计算标记过和未标记的动物相对比例，可以估计出种群的个体总数。

估算自然种群数量需要
做大量的计数

你能活多久？

人们常用生命表来全面分析种群的年龄结构。这些分析表明，死亡率和预期寿命两者都随年龄的增长而改变。生命表很好地揭示了人类种群结构的细节，人寿保险公司利用分析结果来计算每个客户应付的保险本金。

年龄的风险

✱ 对于大多数生物来说，生命是一件不稳定的事情。但是从统计学上看，生命中的某些时期比其他时期要危险得多。例如，麻雀在出生第一年死亡的可能性是第二年的 10 倍，但是在那之后，它们存活的机会就增加了。对于野生种群——以及任何购买人寿保险的人——与年龄相关的差异都具有重要意义。

保险公司为您的生存机会下注

不平衡的分摊

生命金字塔经常分成两半，显示每个年龄段雌雄两性的相对数量。人类年龄金字塔的底部稍微有些不平衡，因为出生的男孩比女孩多。年龄金字塔的顶部也不对称，因为女人比男人更长寿。

出生的风险

✱ 一些动植物有完全分离的世代，一个世代在下一个世代到来之前就完成了繁殖并死亡。但是，在大多数生物中，种群由重叠的世代组成，所以在种群中有一系列不同年龄的个体。年龄金字塔显示每个特定年龄有多少个体。

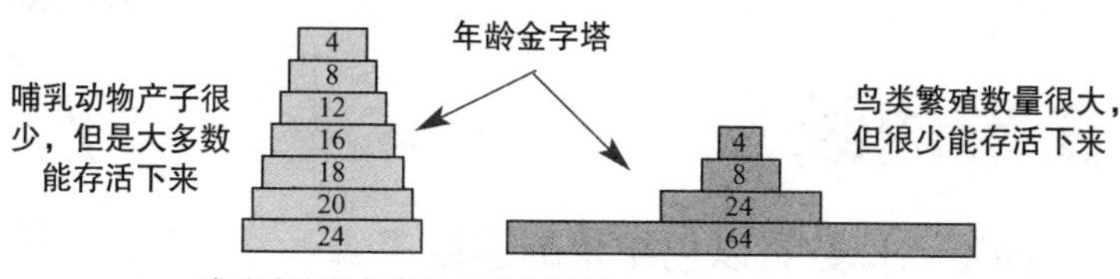

哺乳动物和鸟类的年龄金字塔

＊　这些金字塔告诉我们一些有趣的故事。例如麻雀的金字塔底部宽大，表明麻雀种群包括大量的1龄个体。但是在第二层（对应2龄麻雀），金字塔突然收窄了许多，因为超过90%的幼雀死了。从这里再向上，金字塔收窄逐渐减缓，表明一旦麻雀活过它的第一个生日，其后每年的死亡风险大致相同。

关键词

预期寿命
个体或群体可期寿命的平均长度。

死亡率
生物在一段时间之内的死亡概率。

中年扩张

＊　**不同物种的年龄金字塔的形状各不相同**。例如，海鱼的年龄金字塔经常有宽大的最底层，因为大量的幼鱼孵化后数周内便死亡。在鲸鱼和其他繁殖缓慢的哺乳动物中，年龄金字塔高而窄，因为很多幼体会活到老。

＊　**在不同的种群和时间里，同一个物种的年龄金字塔也有所不同**。如果种群的繁殖率突然增加，大量的幼体涌进金字塔，朝着生殖年龄发展，那么金字塔的底部会向外膨胀。发生这种情况时，往往是种群激增正在进行中。

灰松鼠

稳步上升
因为很多生物在幼年即死去，所以预期寿命不会稳定地下降；反而经常在前几年还会增加。例如，刚出生的灰松鼠预期寿命为约 1.01 年，在 2 ～ 3 岁的预期寿命为 1.9 年。

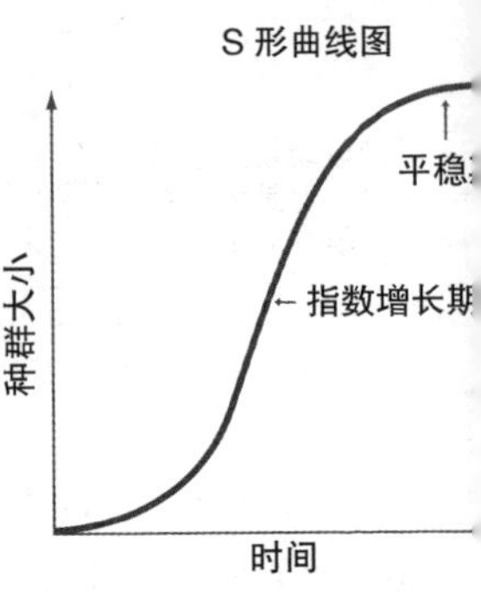

S 形曲线

*** 随着人口数量以创纪录的速度增长，人口的增长方式成为环境科学中最热门的话题之一。虽然对动物的研究成果不能直接搬到人类世界，但是这些研究确实显示了自然生物种群激增期间发生的事情，并且揭示了最终导致这些繁荣终止的原因。**

人口过剩是一个严重的问题

兑现

种群增长很像利滚利，可以用相同的方式计算。**例如，如果您存入 1000 美元，年利率为 5%，假设银行不破产的话，10 年后您将会获得的回报可用公式 $x(1+i)^n$ 计算。**式中，x 是您的初始投资金额，i 是年利率，n 是年份。10 年后您的投资回报金额为 1629 美元。这也是动物种群以 5% 的增长率增长 10 年后的种群数量。

甲虫

*** 在实验室中，通常用昆虫来研究动物种群变化的方式。**有些甲虫仅靠面粉生存，易于作为封闭种群培养和进行种群起落监测研究。当典型的面粉甲虫群体建立起来后，最初的数量增长相当缓慢。然后增长率开始加速，直到达到最大值。经过一段时间的快速增长之后，增长率开始回落，直到最后停止增长。

✱　如图所示，这种增长呈S形曲线。曲线斜坡的起点标记着一个指数增长期的开始，这是增长率以一个常量增长的时期。斜坡的最大陡度由甲虫的繁殖潜力确定，而甲虫的繁殖潜力取决于完成生命周期所需的时间以及甲虫的产卵量。甲虫产卵越快，曲线的坡度就越陡。

面粉甲虫是种群研究的理想实验对象

倍增

✱　解释斜率（即陡度）的一种简单方法是把它转换为种群倍增时间。当一个种群的增长率上升时，倍增时间随之下降。当种群的个体繁殖速率达到最高时，倍增所需时间就最短。**对于面粉甲虫，最短倍增时间大约是10天**。对于田鼠来说大约是2.5个月，而大型哺乳动物通常超过10年。

✱　这些数字并不表示动物种群实际上以这些速率增长，而是显示当物种增长没有限制时它们的增长速率有多快。

田鼠

关键词

指数增长
种群增长率仅受种群大小影响时的增长。种群越大，增长速率越快。

繁殖潜力
理想条件下种群的增长率。也被称为**生物潜力**。

刹车

人类正在以创纪录的速率繁殖

* 在自然界中，只有在理想的条件下，生物种群才能达到最大增长率。但是，即使在极少数情况下，生物种群可以达到最大增长率，美好的时光也不会永远持续下去。或迟或早，环境因子开始迫使增长率变慢。种群越拥挤，其中一些环境因子就变得越重要。

为了传承

在某些情况下，动物似乎确实具有利他的表现。例如，亲鸟——尤其是松鸦——有时得到其他没有自己孩子的成年鸟的帮助。大多数情况下，帮手是父母的近亲，因此也是它们后代的近亲。通过互助，它们确保幼鸟的生存并将它们共同持有的基因传递下去。

松鸦

好景不长

* 控制种群增长有两种因子。第一种是物理因子，例如不良天气。不管生物种群多大，其影响通常都差不多。另一种是生物因子。生物因子以一种更微妙的方式起作用，因为它们与种群密度直接相关：种群密度越高，影响就越大。这些因子包括**高密度引起的疾病和意外事故风险的增加**，最重要的是**对生物必不可少的资源竞争不断增加**。

* 长期以来，生态学家一直在争论哪种因子对控制种群规模更重要。今天的共识是两种因子各自发挥作用，尽管在特

这里的空间
容不下我们俩

定的时间内可能是其中一种因子更重要。

丰盛和慎重

✱　一个区域可以容纳的最大生物个体数量称为该区域的负载力。在自然环境中，种群数量通常在负载力之下波动。有时会超出负载力，但是迟早会回落到可持续的水平。

✱　这些狭窄的种群变动范围使一些生态学家怀疑动物是否有办法控制种群数量。例如，当食物供应不够时，动物“故意”减少家庭规模。这听起来很棒，但是大多数专家现在认为这是不太可能的。**自我调节需要自然选择以不寻常的方式起作用，有利于“慎重”的种群而忽略个体利益。但是更有可能的是“利己”——而不是慎重——帮助动物在困难时期生存下来。**

16　托马斯·罗伯特·马尔萨斯（Thomas Robert Malthus，1766—1834），英国人口学家和经济学家，牧师。他的《人口论》至今在社会学和经济学领域仍有争论，但影响深远。

种群数量过多容易导致资源压力

关键词

负载力

环境可以长期维持的最大种群规模。

悲观与厄运

最早研究生物因子对种群增长影响的人是英国牧师和经济学家**托马斯·马尔萨斯**[16]。他在《人口论》中指出了人口指数增长和食物供应线性增加之间的明显的不一致。马尔萨斯的结论表明，人口会一直增长，直到受到饥荒、疾病与战争的制约。1838年，**达尔文**意识到马尔萨斯的人口论可以应用于自然世界——这个突破性的认识帮助他形成了进化论思想。

赢家通吃

＊ 与隔壁邻居的竞争只是生存斗争的一方面。生物除了与同类竞争外，还有与其他物种的种间竞争。一些可以追溯到1930年代的经典生态学实验表明，竞争对手与自己越相似，这场斗争就越激烈。

关键词

种内竞争
同种生物个体之间的资源竞争。

种间竞争
不同生物种类之间的资源竞争。

生存斗争有许多方面

反败为胜

在1950年代，美国生态学家**托马斯·帕克**用实验证明，两个物种的竞争结果往往取决于环境条件。帕克发现，在凉爽干燥的饲养条件下，一种名为杂拟谷盗的面粉甲虫几乎总是胜过其近亲赤拟谷盗。但是，当帕克调整实验的“气候”，使它变得潮湿后，局面出现逆转，赤拟谷盗获胜。

致命二重奏

＊ 这些实验是苏联生物学家**高斯**做的，实验对象是被称为草履虫的淡水微型生物。高斯在实验里采用两个非常相似的物种：金黄草履虫和尾草履虫。高斯把两种草履虫分别或一起养在实验室的烧瓶里。在这些烧瓶里放满了食物之后，他开始监测每个物种随着时间的数量变化。

* 两个物种单独培养时表现出典型的S形生长曲线，其数量最终趋于平稳。但是，将它们放在一起培养时，结果却大相径庭——对尾草履虫而言，这是灾难性的。两周之内，它的数量几乎降为零，而金黄草履虫暴发式增长。

避免竞争

* 这样的实验凸显了严酷的生活事实：当两个物种直接竞争时，没有公平共享这种事情。具有竞争优势的物种压迫对方，直到对方消失殆尽，这种现象被称为“高斯原理”，或者“竞争排斥原理”。

* 乍看起来，这个赢家通吃现象对尾草履虫及其同类来说似乎是个坏消息。但是，事情还没有像看起来那么糟。在现实世界中，环境条件很少会长时间保持恒定，当条件改变时，目前的赢家可能会输掉。**此外，在竞争过程中物种不会自动认输。相反，它们会适应环境，巧妙地改变它们的生活方式**。这个适应过程的结果是每个物种都建立自己的生态位（第36～37页）。这样一来，无论两个物种看上去如何相似，它们很少正面竞争。

松鼠之战

当两个之前分离的物种遇上之后，竞争会有戏剧性的结果。举个例子：在1870年代和1930年代，美国灰松鼠分别被引进英格兰和威尔士。对于英国本地的红松鼠，灰松鼠具有很强的竞争优势，它们强迫红松鼠离开大部分的原住地。当1948年灰松鼠被引进意大利的波谷时，也发生了一个相似的接管故事。

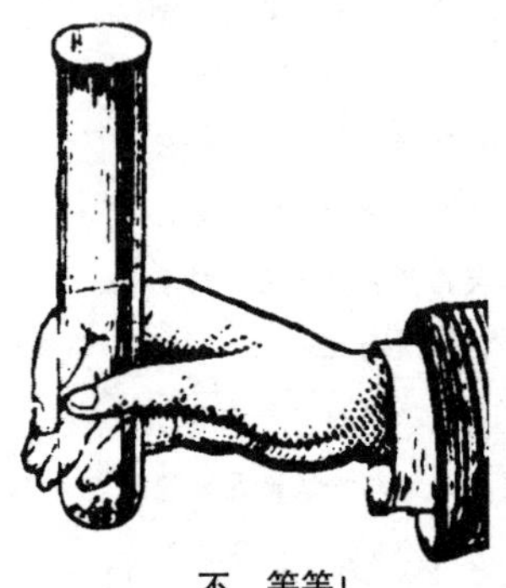

不，等等！
我保证很快就有结果！

捕食者和猎物

＊ 高斯的实验也探索了最致命的竞争形式——一个物种捕获并杀死另一个物种。使用微小但是贪婪的捕食性栉毛虫，高斯发现当栉毛虫去捕食猎物时，会带来诸多的长期后果。

我再也不想成为猎物了！

无处藏身

＊ 与草履虫一样，栉毛虫也是单细胞生物。虽然体长只有大约0.1毫米，但它的胃口很大，一天最多可以吃掉一打草履虫。**这样快的进食速度使其成为理想的研究捕食的物种，因为它对猎物数量具有迅速的影响。**

＊ 当高斯使用这个微小的捕食者做实验时，他发现它的种群及其猎物的关系通常表现出以下三种方式之一。如果他尽可能地把“环境”简单化，比如在普通试管装满水，捕食者能够迅速地找到倒霉的受害者，在把猎物吃光后，栉毛虫很快就死掉。但是当环境变得稍微复杂一点，即在试管底部放置一些玻璃棉，猎物的生存条件就发生戏剧性的改善。在这个微观世界

轮到你了

在1920年代中期，美国数学家**阿尔弗雷德·洛特卡**和意大利生物学家**维托拉·沃尔泰拉**分别推导出当物种争夺相同资源，以及捕食者以它们的猎物为食时，可以预测它们的变化情况的数学方程。现在称为洛特卡－沃尔泰拉方程，它为高斯的试管实验结果提供了理论基础。

里出现了一场捉迷藏的游戏，一些草履虫总是设法逃脱攻击。**但是一旦捕食者吃光所有暴露的食物，它们很快就饿死了**。

第三种方式

✱　在现实生活中，猎手及其猎物不是被关在密封环境里的。动物来来去去，放弃食物短缺地区而迁居到有更多食物的地区。**高斯为了模拟这种情况，往两种生物的混合体里定期添加少量捕食者或猎物，然后将结果绘制成图表**。这次，两种动物都没有灭绝。相反，两个种群的大小开始振荡，捕食者的数量随着猎物的数量变化。每次猎物的数量下降，捕食者的数量也下降，这样可以给猎物一个恢复的机会。一旦猎物数量复苏，捕食者有了更多的猎物，周期又开始了。

✱　与以前的实验不同，这个实验创造了一个两种物种可以共存的世界。尽管该实验相当简单，但它反映了经常发生在实际自然界的现象。

狩猎是最致命的竞争形式

实验 1
捕食者和猎物均死亡

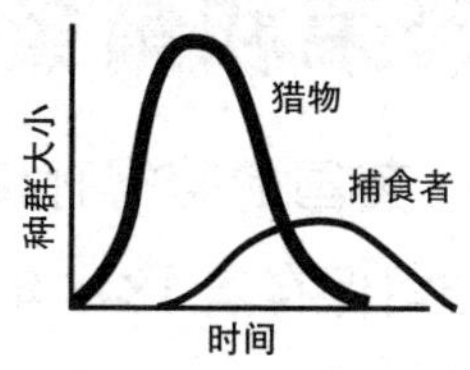

实验 2
猎物幸存，捕食者死亡

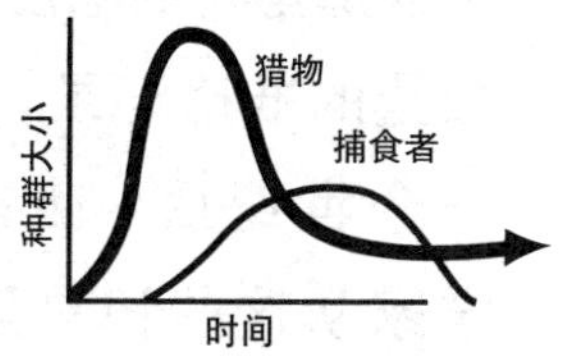

实验 3
猎物和捕食者在一个关联的循环里震荡

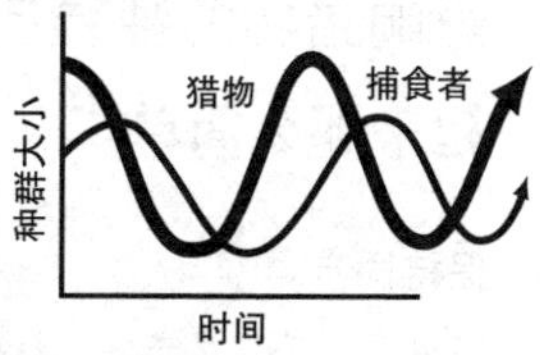

高斯的三个实验

改变策略

预测捕食者和猎物之间的平衡面临的问题之一是捕食者的行为可以改变。**例如，当猎物的个体数量很少时，捕食者可能不会费心去追捕它。但是当它更常见时，捕食者才可能将它列入菜单**。这种变化称为“功能反应”，它给予稀有种更好的生存机会。

繁荣和萧条

✱ 英国的哈得孙湾公司保存着 1845 年以来从加拿大北部猎人那里购买毛皮数量的准确记录。一个世纪后，生态学家从这些记录里了解到特定的捕食者是如何影响猎物的独特证据。但是，对数据的解释并不像看起来那么简单。

保持同步

1924 年，英国生态学先驱**埃尔顿**首次对雪鞋野兔和猞猁的兴衰进行了分析。在 1940 年代公布的研究成果中，埃尔顿表明在大多数情况下，北极狐在它们的多数生活范围内也有一个 10 年的种群数量变化周期，但是如果它们以旅鼠为食的话，周期只有 4 年。

加拿大猞猁

10 年周期

✱ 研究对象是加拿大猞猁，它的猎物是雪鞋野兔。人们为了获取它们的毛皮，两种动物都被猎杀，所以哈得孙湾公司的记录提供了两种动物数量的可靠数据。这些数字令人震惊：**每 10年，野兔数量先是猛增然后暴跌。**猞猁的数量跟着野兔的数量波动。对于皮毛商来说，两三年的好收成之后，随之而来的是七八年的不太如意的年份。

✱ 从表面上看，尽管埃尔顿进行的是大规模研究，但这种周期循环与高斯的试管实验获得的结果完全相同。而且，至少在最初，这是对这些记录的最好解释。但是后来的发现完全颠覆了这种解释。生态学家在圣劳伦斯湾的安蒂科斯蒂岛发现，没有猞猁、狼或任何其他大型捕食者的情况下，该岛的野兔种群数量的升降也是遵循10年周期。

我们出门找食物去

谁控制谁?

* 这个发现让生态学家重新陷入思考。进一步的研究表明，影响雪鞋野兔种群数量的关键因子不是捕食者的攻击，而是食物可利用性。在北方漫长的冬季里，野兔主要以白杨树的嫩枝为食。当野兔数量不多时，白杨树很快就恢复了。但是如果野兔很多，冬季的食物供应耗尽，**大量的野兔在春天到来之前便饿死了**，它们的数量在白杨树恢复之前无法反弹——这需要几年时间。

* 这个故事的寓意是：自然环境比试管环境复杂得多。在这场数量游戏里，捕食者不是在控制猎物，只是无助地跟着它们走而已。

白杨树都去哪里了?

是搬家的时候了

种群数量的剧烈振荡是生活在简单的环境（例如北方冻原地带）中的物种的特征。这些物种中最有名的是旅鼠。旅鼠的种群变动周期为 3 年或 4 年。在高峰期，旅鼠的数量可以增加到原来的 1000 倍。繁殖过度或食物短缺（生物学家不确定是哪个因子）驱使它们放弃正常的家域。尽管有大规模自杀的传说，但是旅鼠没有跳崖自尽：大多数迁徙的旅鼠被捕食者吃掉或饿死。

世界中的世界

食木的白蚁借助生活在它们消化系统里的微生物消化木材——类似于牛借助微生物消化草。人们曾经认为这些微生物产生分解木头的酶，后来发现原因比这个还要复杂。微生物本身还有和它们共生的伙伴——在这个例子中是细菌，正是这些细菌分泌消化酶。更令人惊讶的是，白蚁肠道里的微生物借助附着在它们外表的细菌移动。这些细菌像桨一样推动它们的伙伴。

同居

✱ 当两个物种相遇时，它们不是非要竞争或充当捕食者和猎物不可。有时一个物种靠委身于另一个物种取得利益，或者双方通过形成合作团队获利。诸如此类的合作关系，其中一个例子就是共生：那是生命的各个阶层间出现的便利组合关系。

联手

✱ 共生的团队合作形式在自然界中最常见。它之所以称为互利共生，是因为参与的双方共同受益。很多人——包括生态学家——用共生来表示互惠互利，但严格来说，共生还涵盖其他方式。

✱　在整个自然界中，互利共生是如此普遍，以至于大多数生物直接或间接依赖它生存。我们食用的许多植物，其繁殖必须通过昆虫传粉。大多数我们用作木材的树木的生长依赖于生活在树根内部或表面的真菌，真菌帮助它们从土壤中吸收养分。所有为人类提供肉和奶的食草哺乳动物都得到微生物的帮助。没有它们，这些食草动物将无法消化食物（请参阅第50～51页）。

关键词

互利共生
两个物种均受益的伙伴关系。

共生
两个物种之间的伙伴关系。经常（但不是必然）互利共赢。一些生态学家限定共生为参加者的身体必须紧密相连。**内共生**指一个物种生活在另一个物种体内。

变相盟友

✱　在某些情况下，互利共生不仅仅涉及“你帮我搔背，我也帮你搔背”。例如，在植物根部及其周围生长的真菌通过形成微小的孢子繁殖。这些孢子通常随着诸如田鼠等小型哺乳动物的粪便传播，而这些小型哺乳动物用真菌的子实体作为食物。植物、真菌和田鼠形成相互依赖的三伙伴，每个物种都受益于其他物种的存在。

✱　这样的互动会增加生态系统的复杂性，因此谴责某些物种对自然界或者人类福祉造成“伤害”是不明智的。经常被认为是有害生物的物种——特别是昆虫——对维护生态系统的健康是绝对必要的。

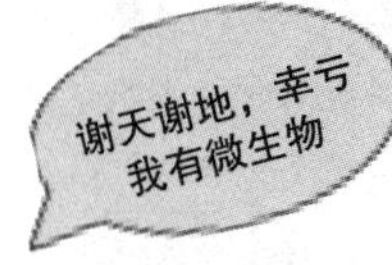

奶牛消化道里有微生物帮助消化草料

陨石撞击是导致生物灭绝的原因之一

生物灭绝

✱ 灭绝就像死亡一样，是生物不可避免的事实。从35亿年前首次出现生命以来，曾经存在的物种超过99%已经消失了。然而，如果这种情况一直在发生，为什么值得关注呢？理由是因为人类的影响，物种灭绝正在以越来越快的速度发生。

“活死人”

灭绝的残酷现实之一是：一个物种在最后一个幸存者消失之前很久就已经注定要灭绝。这是因为物种需要最少的种群数量来保持繁殖可行性。许多今天在濒危清单上的动物数量跌到如此之低，如果没有人类的帮助，它们肯定会全部死去。

排斥和取代

✱ **在地球的历史上，至少发生过5次全球性的大灾难，在很短的时间里毁灭了大量物种**。在这样的大规模连续灾难之间，当生物“正常”生活时，灭绝是罕见的事件。也许每年有6个物种消亡，其中大多数是个体很小并高度本地化的动物，例如陆地蜗牛。对于哺乳动物和鸟类，背景灭绝率可能低至每个世纪6个物种。如此低的灭绝率意味着新物种有足够的时间进化，从而弥补那些失去的物种数。

梁龙

大海雀

灭绝名单

＊ 然而，在过去4个世纪里，每年的物种灭绝率都在上升。已知在此期间超过200种鸟类和哺乳动物已经消失，包括不会飞的大海雀、至少10种有袋动物、一种名叫蓝马羚的非洲羚羊和斯特拉海牛。这种与今天的海牛是亲戚的斯特拉海牛最重达10吨，是近代历史上最大的灭绝动物。**该名单也包括至少400种植物、20种爬行动物和24种鱼类。**

＊ 这些数字只包括已经记录在册的物种的灭绝。脊椎动物灭绝的记录比较可靠，因为这些动物一般都很显眼，不易错过。植物灭绝的记录不是很准确，无脊椎动物的记录非常不靠谱。这是因为大多数无脊椎动物个体过小，不易吸引注意力，并经常分布在人迹罕至的地方。许多生态学家认为，如果这些物种都包括在内的话，当前的灭绝率可能会是每天一打甚至更多。

＊ 这种多样性的下降不能归结为“自然”原因，而是由前所未有的生物学现象触发：爆炸性崛起的单一优势物种——人类。

死而复生？

根据《侏罗纪公园》等科幻电影，科学家也许有一天能把灭绝的物种复活。这种可能性实际上非常小，复活的物种成功恢复种群的希望则更加渺茫。没有它们的原始栖息地，“复活”物种生存下来的机会很小。

人类是今天物种灭绝的主要原因

关键词

灭绝

一个物种或一组物种的消失。灭绝通常是物种无法适应变化的环境而导致的。

第三章

物种之间

考古遗迹是重要的
生态信息来源

* 古生态学——一门研究地球历史生态学的学科——表明，我们大多数远古的祖先对环境的影响可以忽略不计。他们基本不留痕迹，几乎没有对其他物种造成影响。从这种低影响的生活方式转变为我们今天拥有的生活方式经历了三项关键的创新：工具制造、农业化和工业化。

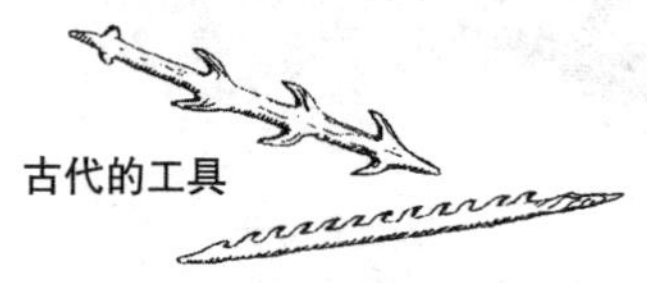

古代的工具

木器时代

许多古生物学家认为，在石器时代早期，木制工具（如挖掘用的棍棒）比石头本身更有用。因为木头像所有有机物一样会慢慢分解，所以很少“木器时代”的工具能保存下来。

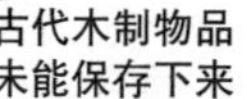

古代木制物品
未能保存下来

工具制造

* 工具制造并非只有人科动物才能掌握。黑猩猩可以制造多种不同的工具，从可取出白蚁的探针到可集水的海绵。即使是鸟类——尽管是动物界众所周知的智障生物——偶尔也制造简单的工具来获取食物。但是，在通往人类进化的道路上，工具制造似乎通过进化反馈滚雪球般不断发展，每一个进步都为下一个进步铺平道路。

✱　起初，进化的反馈效果十分缓慢，创新很罕见。我们的直系祖先——直立人种——是熟练的工具制造者，但他们不是伟大的发明家。我们不知道他们用木头、皮革或骨头制造了什么工具，他们用工具做了什么。**然而，从任何标准来看，石材工具制造方面的进展都非常缓慢。在东非某地，100万年的时间内才出现4种新的设计。**

人与人科动物

人与我们的直系祖先在分类学上同属人科。最早的人科动物是阿法南方古猿，约400万年前生活在非洲。迄今仍然不知道它们是否能够制作石材工具，如果能的话，它们的工具可能十分简单，难以和自然碎裂的石块区分开来。已知最古老的工具制造者是一个叫能人的物种，他们在250万年前取代了南方古猿。

技术尝试

穴居人

✱　从工具制造时代开始（人类的原始技术革命）到农业时代开始相隔了200多万年的时间。农业时代的开始到工业化的早期只花了1万年，而从工业化开始到现在仅有3个世纪的时间。

✱　**从生态学角度来看，这些迅速缩短的时间间隔意义非凡。虽然可以追溯到史前，但农业耕种仍然被认为是相对近期的实验。工业时代的记录更短，更没有足够的时间证明自己。两者都服务于人类，但它们的长期影响尚未充分体现出来。**

黑猩猩有时也使用工具

继续前行

*** 即使只是使用简单的工具，我们的直系祖先对其他动物的影响也比仅仅依靠肌肉的力量要大得多。智人出现后，工具和智力的增加使人类成为强大的捕食者，能够对付比自身大许多倍的动物。在法国梭鲁特发现的成千上万具马的遗骸表明，当时的屠杀力是巨大的。**

史前人类是优秀的猎人

轻装行走

* 1.7万年前的北欧仍然处在最后一个冰期，梭鲁特的马群遭遇灭顶之灾。**在人类史前的相当晚的阶段，人们开始对他们狩猎的动物造成重大影响，以致其中一些物种濒临灭绝**。许多古生物学家怀疑人类参与了1.1万年前发生在北美的一系列生物灭绝行动，导致整个北美大陆3/4的哺乳动物消失，包括猛犸象和披毛犀，而且几乎可以肯定，哺乳动物的灭绝对大陆的植物产生了连锁反应。

最先学会用火的是中国人

生火

没有确切的证据表明我们的祖先什么时候开始用火。最早的迹象之一是在中国周口店洞穴中发现的灰烬层。这些遗迹可以追溯到大约50万年前，那时洞穴被早于智人的直立人居住。生火——而不是从自然的火焰中取火——是人类祖先更新的技能，它可能始于不到2.5万年前。

狩猎–采集者

✱　但是，至少有一个方面人类的影响是有限的。因为那时的人总是在迁移，他们不能负担任何超重行李。因此除了食物和衣物之外，他们对资源的需求很少。这就是人类历史上漫长的游牧生活。直到农业开始发展，定居生活到来，才发生改变。

突然死亡

如此巨大数量的北美大型哺乳动物约在1.1万年前消失了。原因何在，众说纷纭。一些专家归因于上一个冰期快结束时突然的气候变化，而其他专家则认为完全是人类所为，事件发生刚好与人类从西伯利亚到达北美大陆的时间吻合。目前尚无定论，尤其是新的考古线索表明，人类可能在2.5万年前到达北美——大大早于以前的推断。

最后的狩猎–采集者

✱　50年前，人类学家可以研究与我们遥远的前辈一样仍然以狩猎和采集野生食物为生的人。这些人包括澳大利亚原住民、西伯利亚东北部的楚科奇人和卡拉哈里沙漠的科伊桑人（能用舌根处发出尖锐的咔嗒声）或丛林人。今天，真正的狩猎–采集者所剩无几。例如，科伊桑人在博茨瓦纳的养牛场当工人——澳大利亚的原住民也从事这种工作。**在21世纪，这种古老的生活方式几乎可以肯定已经消失了。**

直到50年前，仍然有狩猎–采集者

麦秆

农业文明俱乐部

***** 大约开始于 1 万年前的耕种引发了一场人类的社会革命和整个世界的环境革命。通过种植和收获庄稼，人们可以储存多余的食物，从而放弃游荡的生活方式。有了安定的环境，人类新的需求对周围环境产生了重大影响。

中东的纳图夫人是最早的农民

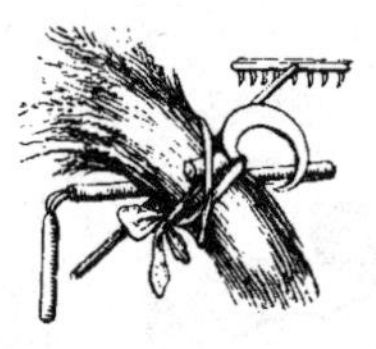

需求和贪婪

人类社会出现物质主义常常归咎于农业，因为农业赋予了人们值得囤积和争夺的东西——食物。同时，商业也因此而起，于是有些人提供商品和服务，有些人以种粮为生。

收获时刻

***** 农业开始于中东被称为“新月沃土”的地区，后来农业也在世界其他地区独立发展起来。**纳图夫人是农业的先驱之一，他们生活在今天的以色列和黎巴嫩地区。**最初纳图夫人是半游牧的狩猎–采集者，他们使用锐利的石头制成的镰刀收割野生谷物。大约1.1万年前，他们开始播种野

生谷物。我们还不知道他们和其他狩猎-采集者为什么要自找麻烦，因为与觅食的生活方式相比，自己生产食物要困难得多。有人认为人口增加和气候变化是主要原因。

肥沃的垃圾

根据“垃圾堆理论”，第一种作为庄稼来栽培的植物来自含有腐烂食物和动物遗骸的露营地垃圾堆。这些肥沃的苗床非常适合野草生长，我们今天的农作物就是这样被收集和选择出来的。

盐土

* 纳图夫的农业依赖降雨，降雨量限制了粮食产量。但是，到了大约5000年前，在美索不达米亚这块现在属于伊拉克的土地，苏美尔人开发了复杂得多的农业耕种模式。他们从底格里斯河和幼发拉底河汲水灌溉农田。

* **侥幸保存下来的苏美尔神庙的记录显示，他们最初的收成非常好**。但是几个世纪之后，产量开始下降。到了公元前1700年，苏美尔人变得非常贫穷，以至于很多土地被遗弃，苏美尔文明随之崩溃。尽管苏美尔农民不知道，他们却触发了历史上最早的环境危机。在灌溉土地的过程中，他们不经意地将土壤深处的盐分溶解了。当灌溉的水在炎热的夏日阳光下蒸发时，留下来的盐分形成一层很硬的盐土。这个问题称为盐渍化，至今仍然影响着农业生产。

活得更安逸

养活一个以狩猎和采集为生的人所需要的土地面积因地方而异。平均大约是26平方千米，但在类似澳大利亚内地这样的干旱地区，所需土地面积超过这个数字的10倍。农业以更有效的方式提供粮食，因此更多的人可以住在同一地区。例如，公元前2000年，美索不达米亚人口达到约每平方千米11人。

清场

*** 很久以前农民就发现，种植农作物不只是播种，然后等待收成。在开始种植之前，您需要清理一块合适的土地。当农业扩展到被森林覆盖的土地时，土地开垦带来了重大的环境变化，这是一个今天还在继续的过程。**

欧洲野牛

波兰的原始森林

比亚沃韦扎森林位于波兰和白俄罗斯交界处，是欧洲仅存的几片大面积原始森林之一。比亚沃韦扎森林曾经是皇室狩猎场，现在是世界遗产之一，每年吸引数以千计的游客。其中最吸引人的是一群欧洲野牛（相当于美洲野牛的瘦身版），它们曾经在欧洲的森林风云一时，而今只剩下不过几百头。

用斧头工作

* 5000年前，即使使用简单的技术，土地清理速度也出奇地快。1960年代，丹麦考古学家通过实验向我们表明这速度究竟有多快。考古学家安排了三位男子使用双手和真正的石器时代的斧头砍伐桦木林，仅仅用了4小时，他们就清理出约600平方米土地，砍倒了所有树木并焚烧了树干和枝叶。

即使使用原始工具，土地开垦也非常快速

* 大约公元前1000年，欧洲已经发明了铁斧头，森林砍伐由此变得更快。被砍倒的树木常常被烧成木炭，用于冶炼更多的铁，做成工具砍伐更多的树木。

植物学家可以确认花粉是从哪种树来的

北方和南方

* 直到17世纪,北美才开始砍伐森林，这一时期非常接近现代，故有文字记载了砍伐历史。在北半球的其他地方，森林砍伐历史悠久，很难想象出当时的原始森林有多广阔。总的来说，如今的森林面积比原始森林缩小了大约3/5。但在某些地区——包括不列颠群岛——森林面积下降了90%。森林的消失同时带走了许多野生动植物，包括鹿、熊和狼。

*** 在热带地区，森林砍伐发生在不同的时间尺度。在中美洲和新几内亚，考古学家发现了一些至少追溯到7000年前的砍伐证据。但直到1900年，赤道雨林基本上仍保持完整无损。但自那以后，情况发生了巨大变化。现在大约有40%的雨林消失了，部分被开垦成耕地，部分用来生产木材。在链锯和推土机——而不是石器时代的斧头——的猛烈攻击之下，热带雨林消失得比以前任何森林都快。**

花粉分析

即使森林早已不存在，孢粉学——花粉的科学分析——可以显示森林曾经在哪里，以及它们包含哪些树种。尽管花粉粒非常小，却经久不坏，被埋后可以完整地保留几千年。花粉粒的形状就像树木的指纹特征，凭着这一点，植物学家可以确定它们是从哪种树上掉下来的和何时脱落的。

来自美国大草原的沙尘
一路随风飘到华盛顿

随风而去

“这片沙尘覆盖面积可达135万平方英里，高度为3英里，覆盖范围可以从加拿大到得克萨斯州，从蒙大拿州到爱达荷州，真是不可思议啊……大量的沙尘开始被卷入翻滚的巨大云团，云团底部为乌黑色，顶部为棕褐色。有些云团里充满了沙尘，以至于鸭子和鹅在飞行中窒息死亡。有些沙尘遮天蔽日，以至于鸡把白天当成黑夜而歇息。” *1934年5月美国中西部大型沙尘暴即时报道*

母亲

地球母亲

* 犁的发明是苏美尔人在农业上的又一突破。因为它让人类借助畜力开垦土地，从而大大地增加了耕地面积。但这也带来了新的问题。通过松土，早期的犁使土壤露出并被侵蚀。所以犁的发明从一开始就使农田遭受了水土流失。

苏美尔人发明了犁

剥蚀土地

* 在自然景观中，土壤看起来像是永恒的，但其实风雨一直在侵蚀着它。土壤的损失率取决于植被覆盖度，因为植物通过将土壤与它们的根结合在一起来保护土壤。环境保护得最好的是原始森林，一个足球场大小的原始森林每年可能只损失约10千克的土壤，算起来不到一张纸的厚度。这种损失由新土壤补充，部分新的土壤从岩石风化中形成。

* 土地被犁开后，风和雨水都可以进入土壤，表层的土壤就遭到了侵蚀。在美国

和欧洲，一块中等大小的农用耕地——相当于一个足球场大小——每年损失的土壤差不多有14吨。**在世界其他地方，特别是在气候干燥的地方，这个数字可能高达50吨**。在这个速度之下，数千年积累下来的土壤被迅速剥去。

黑风暴年代

*** 土壤侵蚀被描述为人类面临的最大但关注程度最小的威胁之一**。即使大多数人不怎么在意，土壤侵蚀的危害也已经不可避免。近代最严重的侵蚀发生在1930年代，当时美国中西部地区的大草原被开垦作农田，遭受严重的干旱，土壤被大风刮走。根据当时的一个报道，一场风暴把尘土刮落到正在大西洋航行的船上，也刮到2400千米之外的华盛顿，飞上美国总统的桌面。

在铁锈上行走

侵蚀不是人类造成的唯一的对土地的危害。盐渍化（第86～87页）土地对大多数植物有害，而红壤化则使土地像混凝土一样坚硬，植物难以扎根。红壤化只发生在热带地区富含铁的红色土壤上。当这种土壤暴露在大气中时，铁在土壤表面形成铁锈一样的外层。

土壤侵蚀使土地寸草不生

动物农场

＊ 植物不是唯一最终被狩猎－采集者控制的生物。大约 1.2 万年前，狗加入了狩猎行列，帮助猎人把动物驱赶到易受攻击的地方。一旦猎人学会了如何围捕兽群，再来学习如何驯养它们，就仅是一步之遥了。

狗约在 1.2 万年前被驯化

牧群心态

＊ 狗的祖先为灰狼，最初的驯化可能发生在南亚的某个地方。几千年后，人们学会了驾驭野生绵羊——第一种人类饲养的食物来源。绵羊有两个特点使之成为驯化的最佳选择：第一个是它们不令人讨厌，第二个是几乎从不独自游荡。那时捕食者很常见，而且没有围栏，所以第二个特点就是很大的加分项。

大象的力量

自从农业生产问世以来，大约有50种动物被驯化。其中最重要的是哺乳动物和鸟类，但也包括鱼类和少数昆虫——特别是蚕和蜜蜂。最大的驯化动物是大象，今天用来做工的大象仅限于亚洲。但在历史上，体型更大的非洲象也被用作负重的驮兽。在袭击罗马的传说中，迦太基人汉尼拔将军因借助一个团的战象越过阿尔卑斯山而闻名于世。但是没有人知道有多少参战的大象能够凯旋。

非洲象

野猪

＊　在中东，另外三个物种在接下来的3000年时间里被驯化了：野山羊、野猪和原牛——现代牛的祖先。与野生绵羊和野山羊相比，野猪和原牛更具攻击性和危险性。**驯化时选择最温顺的个体进行繁育，直到其攻击性最终被淘汰**。

地球上的鸡

数量最多的驯养动物是鸡——来自东南亚丛林原鸡的后裔。鸡被认为大约在5000年前可能在印度被驯化。今天，全球鸡的数量估计接近100亿只，每年约产5000亿枚鸡蛋。

被囚禁的表亲

＊　在更北一点的地方，比如东欧和中亚，野马也在人类的控制之下。最初马是用来充当食物，很快马的肌肉力量也被人类利用起来。随着驯养马的推广，它们的野生同类变得越来越少，直到几乎完全消失。

＊　**尽管濒临灭绝，少数野马还是勉强生存下来**。其他几个驯养物种，例如鸡和火鸡，在野外也变得罕见，而驯养的同类数量猛增。但是，对于原牛——最重要家畜的祖先——来说，驯化宣告了它野生的生命走到了尽头。驯化创造了原牛最厉害的竞争对手：吃相同的食物，栖息地常常也相同，但有人类站在它这一边。

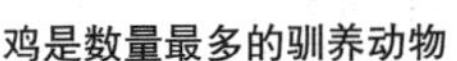

鸡是数量最多的驯养动物

以牧场为家

养牛对环境有深远的影响

* 在民间传说中，看管羊群的牧羊人——或骑马的牛仔——被誉为与大地和谐相处的人。但是从生态学的角度来看，真实的故事是完全不同的。

自人类在1万年前首次开始饲养动物以来，饥饿的牧群对世界景观产生了深远影响。

关键词

竞争释放

竞争对手的减少或消失导致物种数量增加。

牧羊人

异军突起

* 竞争释放的效果可以在爱琴海的岛屿找到引人注目的例子，这里离野山羊和野生绵羊首次被驯化的地方不远，原始植被是适应潮湿的冬天和漫长而干燥的夏天的常绿林。在几个世纪前，大多数树木被作为木材砍伐，同时，山羊在这里被驯养作为食物。**山羊啃掉幼树苗，所以林地难以重建；没有树木，冬雨把大部分土壤冲走。**

* 山羊是臭名昭著的食客，但是有些植物它们不会啃食，其中包括大戟——一种味道辛辣，具有毒汁液的植物。山羊吃掉了大批大戟的竞争对手，大戟得以繁盛。因此，山羊到来之后，这些不可食用的植物变得更为常见。

✱　绵羊和山羊不是唯一有能力导致这种环境变化的动物。在美国西部的乡村牧牛场，19世纪末牲畜数量迅速增加。它们的啃食助长了无舌单冠菊（俗称无舌一枝黄花）——另一种有毒的植物，以及不可食用的灌木（如蒿属植物和牧豆树）的生长。土地上养的牛越多，这些植物越多见。

带倒钩的铁丝网把西部分隔开来

新的机会

✱　用生态学术语来说，这种现象称为竞争释放，出现在当一个物种突然摆脱了限制因子时。向庄稼喷洒农药时，一种有害生物受到控制，另一种有害生物却从中受益，所引发的连锁反应要依靠其他农药才可能终止。

煮熟的鸡

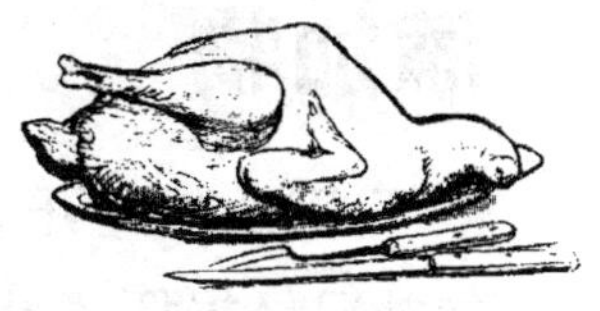

间接食物

与种植植物相比，饲养动物是一种非常低效的食物生产方式。这是因为它插入了一个额外的食物链环节（第 28 ～ 29 页），而额外的环节意味着损失了大量原来的食物能量。在高密度动物养殖的地方，15 千克饲料可以生产 1 千克牛肉，3 千克饲料可以生产 1 千克鸡或火鸡。

非凡的分界

1873 年发明的带倒钩的铁丝网是畜牧业最重要的发展之一。这意味着开阔的草原——如美国西部和澳大利亚内陆——可以既迅速又经济地分成很多牧场。这也意味着牛可以被集中在特定的区域饲养，从而增加了对植被的影响。

添加物

✱ 自农业生产开始以来，据估计土壤侵蚀已经损坏了世界 1/3 的耕地，包括苏美尔人最初的大部分耕地。但种植不都是一个单向的过程。几个世纪以来，农民向土地中添加了许多不同的物质，结果有好有坏。

土壤改良是个重要的事

岩石坑

与氮不同，磷酸盐仍然必须从地里提取。目前大多数磷酸盐来自美国、俄罗斯和北非，但是最近大量的磷酸盐产自太平洋上的弹丸小岛瑙鲁——世界上最小的独立国家之一。瑙鲁可以说是——更确切地说曾一度是——近乎一块固体的含磷酸盐的岩石。大部分的磷已被开采取走，留下一个完全不可居住、类似于月球的景观，在那里没有什么可以生长。

有用的鸟粪

✱ 这些添加物包括石灰和泥灰岩（一种富含石灰的黏土）、贝壳、海藻、碾碎的骨头和各种能想到的肥料。鸟粪在古代很受埃及人和希腊人欢迎，在19世纪，干鸟粪开采经历了一个短暂的辉煌时期。**马粪原来也是大买卖，因为马粪非常之多。在19世纪的巴黎，马粪被用作城市周围的菜园的肥料，马粪分解时产生热量，一年最多可以生产六批蔬菜。**

投入越多，收获越丰

弗里茨的固氮法

是狗屎，也是钱

＊　直到20世纪前，肥料都是天然的。通过反复尝试，选择出的天然肥料包含高浓度的氮或磷——两种植物生长所需的元素。**天然肥料可能有臭味，难以处理**。但是长期以来，农民也没有别的肥料可用。到了1913年，情况发生了变化。化学家**弗里茨·哈伯**[17]发明了一种方法，可以人为地“固定”空气中的氮制造氨。这个固氮方法最初是用来制造炸药的，第二次世界大战结束后，化肥产业腾飞了，产量迅速增加到每年1亿吨。

＊　**人造肥料与改良作物对世界粮食生产产生了巨大影响**。然而，人造肥料确实有一些严重的缺点。一个是很容易被雨水冲走，污染河流和饮用水。另一个是人造肥料不包含任何有机物，而有机物可以维持土壤中各种生物的繁盛。如果没有有机物输入，土壤的生物健康会慢慢地走下坡路。

鸟粪贸易

在19世纪中期，秘鲁海岸附近的一个干旱岛屿群成为世界上最不寻常的海鸟粪出口中心。几千年来积聚的鸟粪形成天然的鸟粪矿藏——一种富含氮和磷的肥料。在短短30年内，超过1000万吨的鸟粪被运到欧洲和美国。最后，鸟粪贸易由于资源耗尽而崩溃了。

17　弗里茨·哈伯（Fritz Haber，1868—1934），犹太裔德国化学家，由于发明利用氮气和氢气合成氨的“哈伯法”荣获1918年诺贝尔化学奖。

化学除草剂问世的时候我会非常高兴的

彻底清除

✱ 在18—19世纪，一系列的创新——从农作物轮作到新机器——带来了稳定的农业发展，农业变得更加科学化。即便如此，农田里仍然充满了野生动植物，因为害虫和杂草很难根除。第二次世界大战之后，这种状况迅速改变了。

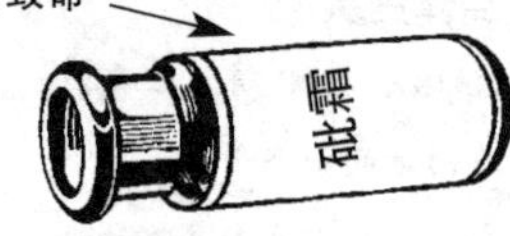

《毒药与老妇》[18]

在20世纪初，用于清除农田杂草的化学品通常对动植物危害极大。其中包括砒霜（三氧化二砷），如果吸入这种物质可能致命，也会致癌。因为砒霜无臭无味，因此曾经是投毒者的首选。

杂草战争

✱ 在农业1万年历史的大部分时间里，农民只有一种方式摆脱杂草——用手将它们拔掉。**农民们花费了大量时间，枯燥无味地“剔除”野燕麦之类的杂草**，但无论他们怎么努力，杂草还是除不尽。鸟类和其他大型动物或被吓走，或被困于陷阱，或被击毙，但对害虫依然无计可施，只剩下把农作物全部清除，重新种植。

18 《毒药与老妇》(Arsenic and Old Lace)是一部1944年上映的美国黑色喜剧电影。

✱　1800年代后期，化学家发现了许多能够彻底清除农地所有植物的化合物。他们还发现了第一代选择性除草剂——可以杀死特定植物的化合物，其他植物大体不受影响。这些除草剂大多是含硫、铜和铁的无机物，必须大剂量使用才有效果。但是在1940年代后期，出现了新一代除草剂。这些除草剂由有机物制成，微量就足以把杂草杀死。鲜花盛开的田野和杂草丛生的牧场就此成为过去。

关键词

单一种植

一种农业种植模式，在一个地区只种植一个物种，不种植其他任何物种。

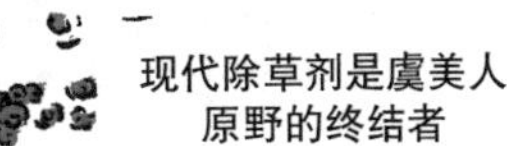

现代除草剂是虞美人原野的终结者

清零区域

✱　杂草控制的突破恰逢氯丹、狄氏剂和滴滴涕等新型有机杀虫剂的研制成功。**除草剂和杀虫剂的携手合作使早期农民的梦想得以实现：**实现了真正的单一种植，或者说田地里只有农作物，仅此而已。

✱　不幸的是，此后的岁月证实，这种有效的杂草控制和害虫防治是有生态代价的。许多以前在农田里很常见的动植物变得稀少，有些已经被逼到灭绝的边缘。

重读《寂静的春天》

蕾切尔·卡森对使用杀虫剂的警告（第10～11页）得到了证实，世界各地鸣禽数量急剧下降。鸣禽数量急剧下降的部分原因是生境丧失，但对许多物种来说，现代农业承担同等责任。与1940年代和1950年代的第一代产品不同，今天的除草剂和杀虫剂很少直接危害鸟类，但是现代农药确实杀死作为小鸣禽食物的动植物。没有这些食物，没有几种鸟可以生存。

绿色革命

*** 1950 年代后期，高强度农业开始传播到发展中国家，标志着绿色革命的开始。30 年的丰收使许多贫穷国家的粮食变得自给自足。随着粮食产量的急剧上升，农业耕作越来越依赖于农药，导致全球范围内出现生态问题。**

加盟抵抗杀虫剂运动

杀虫剂的一个缺点是它们具有霰弹枪效果。在使用杀虫剂时，好的野生动物——害虫的天然捕食者——与害虫一起被杀死。另一个问题是导致害虫对化学品产生耐药性。任何一个物种的个体基因都存在着差异。在任何一个害虫种群中，很有可能有那么几只就拥有对某种杀虫剂的天然耐药性。反复使用杀虫剂导致无耐药性的个体死光，而有耐药性的个体迅速繁殖。

菲律宾的奇迹水稻

大踏步前进

* **绿色革命始于墨西哥**，那时第二次世界大战结束后不久。由洛克菲勒基金会资助的植物育种机构培育出小麦新品种，只要在适当的条件下种植，其产量高得惊人。在1960年代，水稻也培育出高产品种。“奇迹水稻”的产量是普通水稻品种的2倍甚至3倍，这种粮食产量提升的影响非同寻

我们从来没有那么多吃的

常，特别是在发展中国家。印度能够建立自己的粮食储备而不依靠来自国外的谷物，**而墨西哥的谷物产量20年内增长了8倍**。

墨西哥人以前从来没有过上这样好的生活

祈祷好运

✱ 从人类发展的角度来看，绿色革命被列为20世纪最伟大的成就之一，在迫切需要时提供了额外的食物。但从生态立场来看，绿色革命的口碑不是很好。新的奇迹作物需要肥料和农药才能高产。结果是，农业化学品的全球使用量的增加速度比作物产量的增加速度还要快。到了1960年代后期，近50万吨的滴滴涕在环境中积累，很多都喷洒在高产农作物上。

✱ 尽管今天的农药比滴滴涕的危害小，但另一个生态问题依然存在。高强度农业增加了我们对少数几种农作物品种的依赖。而在从前，农民曾经种植过成千上万的农作物品种。从长远来看，这种生物多样性的崩溃是个坏消息，因为这意味着很多拥有有益特质（例如抗病性）的老品种可能会消失。一旦它们消失了，它们的遗传潜力就会永远丧失。

绿色巨人

在19世纪，小麦植株经常长得齐胸高——其秸秆可以用来盖屋顶。但像小麦这样的谷物，长得高不一定好。19世纪的小麦将很多能量浪费在秸秆生长而不是用在麦粒生长上。而且高大的麦子容易被暴风雨吹倒。绿色革命的其中一个突破是创造了小麦和水稻的半矮化品种。它们虽然植株比较矮小，却能生产更多的粮食。

盖稻草屋顶的人

基因工程师

跳动的基因

* 在绿色革命期间，新农作物品种是通过重组水稻或小麦已有的基因获得的——这是一项有着几千年历史的老技术的 20 世纪版本。可是在 1980 年代，一种更精确的植物改良新技术出现了。与传统育种技术不同，基因工程可以在物种之间转移基因，为改变生物提供了前所未有的力量。

混搭

“可悲的是，许多关于生物技术的讨论已经被危言耸听、极不准确但高度情绪化的语言占据……有人制造‘鱼类以及其他动物的基因已经植入植物里’的谎言，企图说服消费者相信他们的食物是不安全和非天然的。”

孟山都公司（一家领先的生物技术公司）发言人，安·福斯特

* 基因工程涉及的技术很复杂，但是这种技术所创造的可能性是非凡的。在一定范围内，基因工程几乎可以把一个物种的任何基因复制下来并插入另一个物种体内。因为基因通过所有生物共享的通用化学密码工作，不管是放在细菌、植物或人类中，每个基因都会起作用。

* 对于植物育种者而言，基因工程的优点是巨大的：快速，精准，能够赋予植物从来没有过的特征。由单个基因编码的任何有用的特征——例如抗病性、耐寒性或对害虫的毒性——都可以挑选出来并进行转移，从而创造出新的“转基因”作物。

勇敢的新世界

✱　基因工程拥护者认为，这是自绿色革命以来农业上出现的最好东西。有些人甚至认为基因工程也许是自农业种植开始以来最重要的突破。但是，很多环保主义者不赞同这些乐观的看法。他们认为基因工程对农民构成经济威胁，也是生态风险的根源。

✱　经济威胁来自大型农用化学品公司，它们将拥有世界主要农作物新品种的专利。生态风险是转基因植物可能具有不可预测的后果，尤其是如果它们逃逸到野外，把新基因传递给野生植物，这样一来可能造成杂种植物暴发，导致自然生态系统的突然不稳定。基因工程师对此充耳不闻的态度令人感到恐惧，生物技术仍处于起步阶段，没有人知道他们是否有足够的把握。

关键词

转基因

一个用来形容生物体基因组成被人为改变，植入其他物种基因的术语。

基因工程是否会使小型农场破产?

“五大农用化学品公司期望未来只种植少数几种庄稼商业品种。它们正在竭尽全力确保在十年内世界大部分主要农作物将来自它们通过基因工程改造的种子。”

英国土壤协会　帕特里克·霍顿

第四章

人类的星球

*** 在大部分的人类历史中，世界人口始终以一种难以察觉的速度增长。在 1300 年代甚至出现下降，因为在此期间有数百万人死于黑死病——一场在全球范围暴发的腺鼠疫。但是到了约 270 年前，随着工业时代的开始，世界人口又恢复上升，而且呈指数增长，直到现在才缓慢下来。**

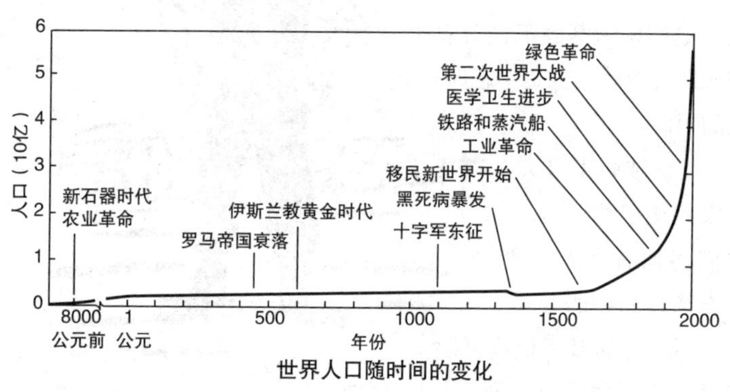

世界人口随时间的变化

换挡

目前世界人口增长率下降主要是由于高出生率和高死亡率转变为低出生率和低死亡率，这个过程称为人口转变。在人口转变期间，经过若干代死亡率下降以后，出生率才开始下降，由此出现了一段非常快速的人口增长时期。

人口增长

* 即使是对人类最热心的粉丝，这串数字读起来也会令人不安。20世纪初，地球上大约有16亿人口。到了20世纪末，这个数字已经上升到60亿，为农业生产刚开始时的100多万倍。自然灾害、两次世界大战和无休止的其他冲突，也没有挡住势不可挡的人口激增。

✱ 这种急剧增长的原因比原先想象的更复杂。人口爆炸经常归因于现代医学的进步，但实际上人口急剧增长开始于现代医学或集体免疫之前。总的来说，更重要的原因是食物供应的增加，以及个人和环境卫生条件的改善。一旦这些条件具备，包括抗生素的发现和绿色革命在内的20世纪的进步，把正在增长的世界人口推向一个新的阶段。

关键词

人口转变

人口增长率下降，通常归因于经济发展增速。

徘徊其间

发达国家的人口转变已经完成，但是许多发展中国家的人口转变还在路上。非洲人口的死亡率已经下降，但是出生率仍然很高，结果许多国家人口增长率超过3%。

S形曲线

✱ 人口增长图看起来很像生态学实验中没有受到任何条件限制的动物繁殖。**就像面粉甲虫种群一样，全球人口花了一些时间才进入指数增长阶段，而生长周期中的这一阶段只能持续一段时间**。在1950年代和1960年代，增长曲线仍然越来越陡峭，但是最近几年来有回落迹象。

✱ 根据最近的估算，由于增长速度下降，从现在起大约100年间，世界人口将稳定在120亿左右。**问题的关键是这个数字会不会超过地球的人口承载力**。

非洲的人口出生率依然很高

保罗·埃里希

毁灭还是繁荣？

✱ 1968年，当人口增长比以往任何时候都快时，美国生物学家保罗·埃里希[19]出版了一部名为《人口爆炸》的著作。埃里希警告人类已经繁殖过度，自取灭亡。他的可怕警告引发了一场生态末日论者（例如埃里希本人）与繁荣论者（一群持非常乐观态度的经济学家）之间的激烈辩论。

官方回应

1972年，由企业领袖组成的罗马俱乐部发表的一份题为《增长的极限》的报告附和了保罗·埃里希对人口增长严重后果的警告。这份报告阐明了人口无限增长的危险性，并且建议立即采取行动减少污染和限制工业发展。1981年，美国政府在提交给总统的《2000年全球报告》里也建议采取类似的行动。

肩负使命

✱ 《人口爆炸》一书令人不寒而栗。在书里，埃里希认为地球人口已经远远超出其承受能力，在几十年内，饥饿将逆转人口增长。到了20世纪末，发达世界人民享受的高标准生活将化作遥远的记忆。尽管书里充满末日论调，但也许正因为是这样，埃里希的书成了一部畅销书。

人类繁殖过
自取灭亡

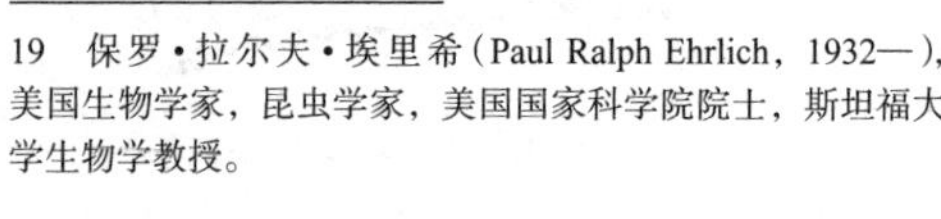

19 保罗·拉尔夫·埃里希（Paul Ralph Ehrlich，1932— ），美国生物学家，昆虫学家，美国国家科学院院士，斯坦福大学生物学教授。

* 这本书出版不久后，发生的一些事件似乎证实了埃里希的观点，**人口增长依然如故**。**到了1973年，在阿拉伯国家和以色列之间发生了战争，导致阿拉伯国家对西方国家实行石油禁运**。燃料的定量配给和失业率上升造成了对未来的广泛担忧。

对于人类是否繁殖太快，意见不一

末日迟至

* 但是事情并没有完全按照埃里希的预言发展。世界人口继续增长，但没有触发他所信誓旦旦地宣称的任何灾难性事件。情况恰恰相反：在1980年代，世界经济继续繁荣发展。

* 埃里希错在哪里？对于经济学家，包括**朱利安·西蒙**[20]（《人口很重要》的作者）来说，答案很清楚：人是一种资源，不过埃里希忽略了。根据“丰饶”理论，人口增加意味着高水平的经济增长，从而能提高生活质量。

* 西蒙的观点得到舆论的支持，特别是他成功地做出一些预测之后（第110～111页）。然而，许多环保主义者承认埃里希的观点虽然可能过于危言耸听，但他们坚信他的理论的主旨——<u>人类繁殖太快于己无益</u>——仍然适用。

“养活人类的战斗已经结束。在1970年代……数以亿计的人将因饥饿死亡……人类面对世界人口死亡率的大幅上升将束手无策……美国巨大的农业盈余将消失得无影无踪。”*摘自保罗·埃里希《人口爆炸》*

20 朱利安·林肯·西蒙（Julian Lincoln Simon，1932—1998）美国经济学家，从事人口、自然资源和移民方面的研究。

工业化的地球

循环再利用会有帮助，但是工业化社会总是对环境造成巨大的影响

* 人口规模本身并不能决定我们对环境的综合影响，一个同等重要的因素是人们的生活方式。不管你环保意识有多强，如果你生活在一个工业化国家，使用资源和造成污染就是不可避免的事实。

这么多鱼，我要怎么处理？

挪威的渔业极其庞大，因此挪威人是世界上最大的鱼类消费者

为人类环境影响评分

*** 自工业时代开始以来，人类生活方式开始分化，因此，现在有些人对环境的影响比其他人大得多。生态学家将其总结为“影响方程”，即$I=P\times T$。等式右边的两个因素分别指人口和技术。将它们相乘就可以得到左边的人类对环境的总影响。**

* 计算结果表明，每个国家的总影响都不同。在全球范围内，大多数工业化国家的人口数量排名靠后，但是技术因素靠前，结果他们的民众整体对环境的影响很大。发展中国家的技术因素较低，但人口数量往往很高。计算结果显示，这些国家人类的总影响也很高。

如何评估？

✱ 实际上，人类对环境总影响方程的一个现实问题是，这两个因素并不容易量化。人口数字很容易掌握，但是技术因素是一种十分模糊的度量，根据不同解释差异甚大。一种解决办法是从与技术密切相关的事情（如对原材料的消耗）下手。

✱ 这种方法被世界自然基金会在调查世界所有国家和地区的《生命星球报告》中采纳。这份发表于1998年的报告显示，如果全球人均消费的影响为1，北美的人均为2.70，西欧的人均为1.72。另一方面，非洲的人均仅为0.55。

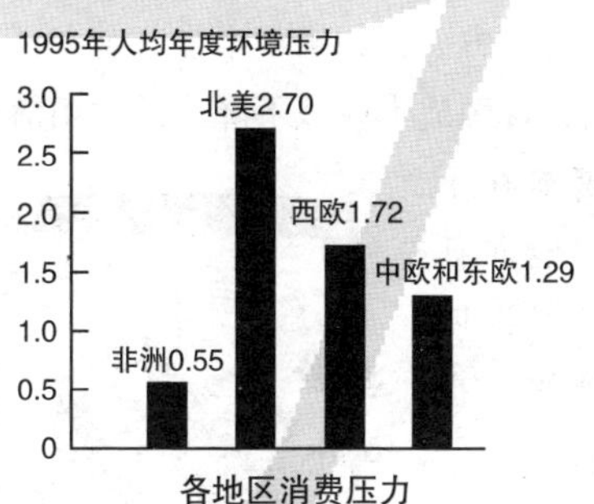

谁是第一？

在世界自然基金会的《生命星球报告》里，美国排在最高“消费压力”国家和地区的第六位。击败美国的前五名是——按从低到高排序——丹麦、新加坡、智利、中国台湾和挪威。这些令人惊讶的结果是用消耗五种原材料——谷物、鱼类、木材、淡水和水泥——和燃烧燃料产生的一种废物——二氧化碳的水平计算出来的。挪威排名第一，是由于其庞大的渔获量（相当于每个挪威人每年捕获 1/4 吨的鱼）及其高水平的二氧化碳排放量。

十年论战

我们总能给自然资源找出新用途

* 根据“丰饶”经济学理论，自然资源没有任何实际限制，因为以人的聪明才智总能找到更有效的方式方法利用资源或寻找替代品。但大多数生态学家认为，从长远来看情况正好相反，因此这是我们需要维护我们拥有的资源的原因之一。1980 年 10 月，有人为了检验这两个观点展开了一场著名的赌局。

急于套现

人口数量可以通过世界范围的发展稳定下来吗？今天一些“末日”论领头人认为答案是否定的。他们争辩说，今天很多人口稠密的发达国家仅因为它们可以从发展中国家进口资源才能正常运转，这些发展中国家很少或没有自己的工业体系。如果这些国家工业化了，资源的供应将枯竭。“丰饶”经济学家不同意这个观点。他们认为，保持自由市场将能够提供我们需要的所有资源。

赌局

* 这场赌局是由著名的“丰饶”经济学家**朱利安·西蒙**提出的。**他认为，如果资源真的越来越稀缺——正如生态学家所认为的——市场力量意味着资源的成本将上升**。另一方面，如果“丰饶”观点是正确的话，资源成本应该下降。西蒙相信资源的成本在下降，他向任何可以证明他错的人提出挑战。

股市

✱　生物学家**保罗·埃里希**同意接受挑战，双方公布了赌局内容。赌的是10年内5种工业金属的价格，初始的金属价格为1000美元。如果这些金属的价格上涨，西蒙付给埃里希金属价格上涨的差价；但是如果金属价格下降，埃里希就会赔钱。1990年10月，这5种金属的价格下跌了几乎一半——如果将通货膨胀计算在内，应当说跌得更多。于是埃里希依约付账。

信任市场

✱　自1990年以来，许多经济学家——特别是在美国——利用西蒙的胜利，去驳斥“不断减少的资源会成为人类问题”的观点，前提是市场力量必须畅通无阻。他们指出，与平均工资相比，大多数自然资源的成本大约是1950年的一半。至于化石燃料，新的储备不断被发现。**根据这个观点，人口增长创造了财富，而这种财富反过来又为解决增长带来的问题提供资金**。

✱　令人欣慰的是，这个局面没有改变很多生态学家的观点。许多人承认资源在短期内可能足够，**但是，随着资源消耗得越来越多，会给生物圈造成重大变化，而这样的变化无论多少，额外的财富都永远无法补救**。

快点，资源即将耗尽

鲸鱼是一类凸显两种资源争论观点的“商品”。自18世纪中期以来，抹香鲸被捕杀取油，鲸油是一种用于蜡烛和灯具的清洁燃料。每年多达5000头抹香鲸被杀死。但当鲸油被煤油取代之后，抹香鲸种群数量下降缓慢了，这是一个经典的资源替代例子。但是，体型更大的须鲸是作为人类的食物被猎杀的，没有什么替代品。如果没有国际性的保护，几乎可以肯定，市场力量将会把它们赶尽杀绝。

抹香鲸

不怀好意的火

*** 在维持现代生活方式所需的资源中，能源是头等大事。自从远在工业时代之前发现化石燃料以来，获取和使用能源对全球生态系统产生了重大影响。**

哈伯特泡沫

1956 年，美国地质学家**马里昂·哈伯特**[21]认为，任何油田的产量都遵循钟形曲线。**曲线达到最高点时，大约一半的油已经采走，这个生产高峰称为"哈伯特泡沫"**。许多石油分析师认为，世界石油产量将在 2010 年左右达到顶峰，然后开始陡然下降。

人类比其他动物消耗更多的能量，主要是通过燃烧化石燃料

石油钻井平台

远超身体之需

* 一个成年人身体平均一天需要的能量大约为2000千卡，大致足以烧开三桶水。如果我们像其他生命形式一样，这将是我们的总能量需求，因为生物只能以特定的速度消耗能量。但是这种身体能量（体

21 马里昂·金·哈伯特（Marion King Hubbert，1903—1989），美国地质学家和地球物理学家。他对地质学、地球物理学和石油地质学做出了重要贡献，最著名的是哈伯特曲线和哈伯特峰值理论。

煤矿工人

能）不是我们使用的唯一一种能量。发现火以来，体能已经逐渐被我们以其他方式释放的能量所掩盖。理论上，**对于一般人，这种补充能量总计约每天30万千卡，或者说是我们身体实际需要的150倍**，而这些能量绝大多数来自化石燃料——煤炭、石油和天然气。

自创计算

剩下可供开采的石油储量数字极不可靠，而且容易被政治需要"修改"。例如，在1980年代中期，虽然没有重大的新发现，但许多石油输出国组织国家——包括沙特阿拉伯、科威特和委内瑞拉——宣布它们的储量突然增加了40%～200%。储量突然的飞跃使它们能够在理论上应该减少出口的时候增加出口配额。

后患无穷

* 以目前的使用速度，化石燃料没有立即耗尽的危险。但是，关于化石燃料可以持续多久意见不一。地球的煤炭储量丰富，至少可以再维持两个世纪。但探明的石油和天然气储量不大。**以目前的使用速度，两者足以再维持50年**，但是将来必然会发现新油田和天然气储藏。问题是化石燃料的消耗速度不稳定，因此以上估计的价值有限。事实上，消耗速度每年会上升几个百分点。

* 但是，人类用完这些燃料之前，它们有害的副作用将迫使我们限制其使用。特别是煤炭燃烧时产生有毒气体，即使这些有毒成分完全去除，化石燃料依然有其他问题。它们是导致温室效应的元凶（第146～147页），这一现象是21世纪最严重的环境问题之一。

阻止地球过热是生态学面临的最大挑战之一

裂变与聚变

当今的核反应堆通过**核裂变**发电。核反应过程会释放热量和伽马射线——一种强烈的辐射形式，它只能被几英尺厚的混凝土挡住。另一种从原子释放能量的方式称为**核聚变**，它不会产生伽马射线或放射性废物。但是，核聚变仅在 1500 万℃的高温下才发生。至今，物理学家一直无法在商业规模上使用核聚变。

加满油

1 千克的铀燃料可释放差不多相当于 200 万升汽油的能量。

放射性物质从切尔诺贝利核反应堆泄漏

核能

* 1954 年，美国原子能委员会主席发表了著名的论断：核能将会使电力的价格降低到“便宜得很，犯不着计算用量”的地步。不幸的是，事实并非如此。在 1960—1990 年，核能发电量增长了 400 倍，但经过一连串的泄漏和事故之后，核能的未来令人疑虑。这对环境是好还是坏，只有时间会证明一切。

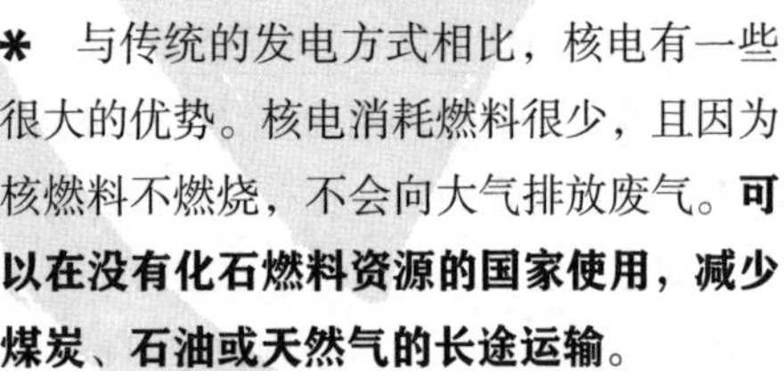

利与弊

* 与传统的发电方式相比，核电有一些很大的优势。核电消耗燃料很少，且因为核燃料不燃烧，不会向大气排放废气。**可以在没有化石燃料资源的国家使用，减少煤炭、石油或天然气的长途运输**。

* 核电的缺点是它使用的是潜在致死性物质。核燃料具有很强的放射性，核裂变

产生的废物也具有放射性。如果这些材料中的任何一种从反应堆中泄漏——就像1986年在切尔诺贝利发生的一样——会造成大规模的疾病和环境破坏。

禁止核能

✱ 切尔诺贝利灾难是核能历史上最大的反应堆事故，估计夺走了多达5000人的生命。**1979年，在宾夕法尼亚州三里岛差点发生一场更大的灾难**，之所以被避免只是因为核燃料未能熔化反应堆的钢筋混凝土墙。这两次事故以及许多其他事故使核能声名狼藉。除了法国，很少有西方国家调试新核电站，有些国家正在完全放弃核电。

✱ 但是，如果整个世界都放弃了这种能源，必须用其他方式来产生目前核能所提供的3000亿瓦电力。**核能倡导者认为，取代核能不能不以环境破坏为代价**。**而对于反核游说者来说，使用核能的代价实在太大**。

关键词

核裂变

指由重原子分裂产生轻原子的核反应形式。在这个过程中，原子损失的少许质量转化为能量。

核聚变

指轻原子结合产生重原子的核反应形式。这个释放能量的过程与太阳释放能量的过程相同。

一些科学家认为，来自核电的风险小于每天喝两杯咖啡的危险性

水电大坝

会流动的能量

＊ 没有烟雾，没有污染气体，最重要的是不产生危险废物——听起来像是解决长期能源问题的完美方法。但是，许多国家发现，大坝可以产生很多电力，但它们经常带来环境问题。

低级错误

全世界现在有超过15米高的大坝近4万座，以及数十万座小型水坝。一些水库建成不久就被上游冲刷下来的泥沙填满。例如，纳赛尔湖——阿斯旺大坝后面的水库——预计到2025年一半的库容量将是泥沙。

我的坝比你的大

＊ 大坝用于产生动力已有超过2000年的历史，但是用它们来驱动发电机涡轮而不是水车是最近的创新。第一座水力发电大坝建于1889年。今天，全世界大约15%的流动地表水在回到大海之前某个阶段会经过大坝。**在20世纪，巨型水坝是国家实力的象征。建于1931—1936年的美国科罗拉多河上的胡佛大坝，形成了长度超过180千米的世界上最大的人工湖**。但是，1970年，在埃及工作的苏联工程师做得更胜一筹：当阿斯旺大坝竣工时，拦水形成了一个长度超过350千米、总容量约170立方千米的湖泊。

鲑鱼

赢家和输家

＊ 阿斯旺大坝是大型水库造成不良生态后果的一个范例。因为这座大坝没有水闸，在尼罗河洪水期间，营养丰富的淤泥不能进入位于下游的埃及农田。埃及农民现在必须使用人工肥料。大坝还创造了一个生态演替的巨大舞台（第44～45页）。竞争的早期获胜者之一是一种传播血吸虫病的淡水蜗牛，血吸虫病是一种可以感染人类的寄生虫病。在世界的其他地方，新水库被漂浮的水生植物堵塞。有些水库的水生植物密度足以使涡轮机停止运转。

＊ 大坝对陆生动物不利——特别是在森林被洪水淹没时，也会影响鱼类。洄游的鲑鱼可以从特制的“鱼梯”跳跃通过大坝，但不是所有的鱼都能做到。一旦大坝建成，游泳能力弱的鱼类无法到达它们的产卵场，种群很快就消失了。

“新的破坝者”

1996年，佛蒙特州克莱德河上的纽波特11号大坝成为第一座有记录的因环境原因被炸掉的大坝。这座5米高的大坝挡住鲑鱼洄游路线长达40年，然而在大坝被摧毁几周后，鲑鱼已经在上游区域出现了。

翻过这座大坝太消耗体力了，今年我不想费事了

水坝可以阻挡鲑鱼到达它们的产卵场

大肆挥霍

✱ 最近 40 年里，亚洲中部的咸海——一个曾经渔船密集的巨型湖泊，因为受累于农业实验的严重错误，如今像一个被太阳蒸干的水坑。它的结局表明，当人类将水视为无限资源时将会发生什么。

令人担忧

从地下含水层抽水时，地下水位就会慢慢下降，意味着水井必须挖得更深才能抽到水。在过去的半个世纪里，得克萨斯州的某些地区的奥加拉拉含水层的地下水位已经下降了 50 米。在澳大利亚内陆，某些农业依赖于地下水的地区，地下水位下降了 100 米。

河流改道导致
咸海干涸

干枯时节

✱ 咸海问题始于1960年代初，当时苏联的规划者决定灌溉咸海周围的土地以种植棉花和其他农作物，所需大量的水来自该地区的两条主要河流。在夏季，只有少量的河水到达原来的目的地。**由于缺乏正常的水供应，咸海开始消失**。随着湖岸的退却，以前的渔港被远远地搁浅在陆地上，距湖岸几英里之遥。更糟糕的是，肥沃的湖泥化为漫天灰尘，住在湖边对身体健康有重大危害。

海螺

＊ 人们指责是官僚主义的无能和不了解水循环的基本事实造成了咸海的教训。但是苏联的规划者并不是唯一的在涉及水资源方面犯了生态学基本错误的人。在美国，科罗拉多河入海时几乎断流；奥加拉拉含水层——一个位于高原各州的巨大地下水库——可能在接下来的40年内被抽干。

蒸发掉的财富

＊ 与化石燃料不同，水不会因使用而被破坏，但使用方式对环境产生重大影响。从河流取水用于家庭或工厂，然后经过处理返回河流，流量几乎没有变化。但当水喷洒到田野、草坪或高尔夫球场时，大部分水等同于走水文捷径，直接蒸发回到空中。这对河流和湿地的野生生物具有破坏性作用，因为这种做法夺走了对它们生存至关重要的资源。

＊ **在发达国家，大约1/4从河流和地下含水层抽取的水以这种方式消失**。自1950年以来，水的消耗量增加了两倍，淡水生物将面临艰难的时刻。

用于灌溉的水蒸发掉了

关键词

含水层
饱含地下水的一层或多层多孔岩。

地下水
在地下而不是地面流动的水。

地下水位
任何地区标记地下水上沿的水平面。

相对缺水
世界上最缺水的国家是土库曼斯坦：每天人均用水16500升——主要用在农业。这是理论上每个人的生存需水量的1.5万倍。

无处躲藏

*** 海洋被描述为人类狩猎生活方式的最后一道防线，20 世纪之前，海洋狩猎的平衡依旧好好的：寻找鱼群困难，捕鱼效率低下而且危险，只有一小部分鱼被捕捞上岸。今天，现代技术让渔船拥有精确定位系统，结果导致许多鱼类种群崩溃。**

用鱼叉捕鱼对鱼类数量没有太大影响

副产品

自 1960 年代以来，世界鱼类捕获量翻番，但仅总捕获量（约 1.1 亿吨）的一半成为人类的食物。余下的部分中有 1/4 用来做鱼粉喂养动物。剩下的就是副产品——没有价值的鱼被抛回大海里。

鲱鱼

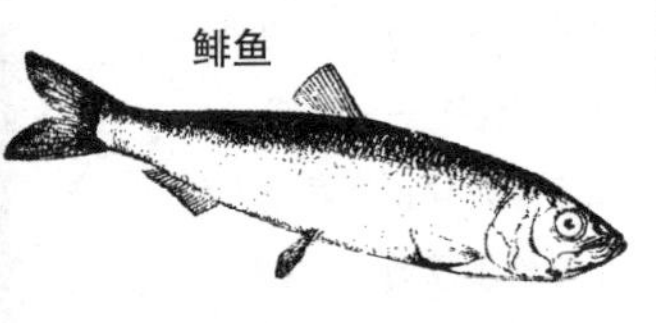

我们的数量正在减少！

暴跌

* 渔获量波动不是什么新鲜事。历史研究表明，在过去的1000年中，瑞典鲱鱼的捕获量总是几个丰产年紧随着几个歉收年，大约以一个世纪为周期。很久以前，渔民不太可能对鲱鱼种群造成影响，鲱鱼的周期性变动更有可能是自然界中经常出现的正常波动。但在20世纪，鲱鱼资源量以从未有过的方式暴跌。为了拯救物种免于灭绝，鲱鱼捕捞被禁止了。

鳕鱼

* 随着捕鱼手段的改进，这种鱼类种群变动模式已经在世界很多地方重复出现了。**20世纪之初，人类开始以商业目的捕捞加利福尼亚州的沙丁鱼，到了1930年代，每年捕获量达6万吨**。到了1950年，几乎无鱼可捕。纽芬兰大浅滩持续了几个世纪的主要渔业——鳕鱼，在1980年代后期崩溃。众多的渔船聚集在那个区域，以至于成年鳕鱼没有逃脱的机会。

唾手可得

与渔民相比，捕鲸者很早就把鲸鱼数量降下来了。比斯开湾的露脊鲸商业捕捞始于800多年前，到了14世纪，巴斯克捕鲸者已经不得不在远洋搜寻猎物。到了16世纪初，他们的捕捞已经远至纽芬兰大浅滩。在接下来的一百年里，各个国家的捕鲸者几乎把北大西洋露脊鲸捕光。

填补空缺

* 当以前的重要物种突然消失后，其他的海洋动物会怎样？**对加利福尼亚沙丁鱼来说，一种鳀鱼很快过来填补空缺**。类似的事情也发生在南极水域，在20世纪初，当须鲸被大量捕捞之后，一种名叫食蟹海豹的动物——它的名字很容易引起误解，实际上它们吃磷虾而不是螃蟹——受益于鲸鱼种群数量的暴跌，其种群数量暴增到大约4000万头，超过世界上所有其他海豹的总和。

* 然而，尽管对于鳀鱼和食蟹海豹来说，沙丁鱼和须鲸种群数量的暴跌是个好消息，对整个海洋生物群落来说却是坏消息。捕鱼和捕鲸通过去除关键种，使海洋生态系统更加不稳定，破坏了通过很长时间才建立起来的生态平衡。

地下寻宝

＊ 1849 年当加利福尼亚州掀起淘金热时，成千上万急于迅速致富的淘金者涌入内华达山脉。除了少数的幸运儿发财以外，淘金热还带来了一个不良效应：将近 10 亿立方米的采矿废料顺流而下，最终聚集在旧金山湾。

一群看上去不太可靠的淘金者

遍地财宝

＊ 金属大约占地壳的1/5，所以不必担心这些资源耗尽。铁和铝几乎遍地皆是，如果考虑总储量，甚至稀有的白金和黄金等金属都不缺乏。但是，正如加利福尼亚“淘金者”发现，通往这些自然宝藏之路有一个障碍物。那就是，取得任何有用的物质，都要清除很多不必要的物质。越是稀缺的物质，必须清除的废料就越多，所产生的生态问题就更多了。

水到渠成

人们每年挖掘 3 万亿吨土壤和岩石。其中一些用在金属生产，但是在生产建筑材料（包括碎石、沙子和水泥）上的用量不断增加。引领世界水泥“消费”的西欧，每年人均用量近半吨。

遍地黄金，
只不过难以获取

✱ 1849年的淘金热遗留下来大量废料冲出河岸，进入大海后导致动物窒息死亡。旧金山湾最终得以恢复，但采矿还有其他的副作用持续久远。**在矿区的动植物，不是被废料掩埋，就是被毒害**。

我们挖掘的岩石大部分用于建筑

双重打击

✱ 采矿废料通常含有高浓度的重金属，例如铜和铅，这些废料堆积在地面，降雨时被雨水“激活”，金属混合物随即排入水道，杀死淡水野生动物。冶炼和提纯也产生污染，向大气释放有毒物质。大型冶炼厂排出的有毒物质能杀死周围数英里的植被。

✱ 早在16世纪，德国冶金学家**乔治·鲍尔**[22]——更出名的名字是**阿格里科拉**——指出，冶炼还有另一个影响：消耗大量能源。**在阿格里科拉时代，炼铁的能量来自木材**。从矿石中提取铁相对容易，铝是在1825年发现的，提取起来就比较困难。这就是为什么铝的冶炼现在占世界能源消耗量的1%。

深深的洞穴

越来越多的金属开采造成了世界上最大的人造洞穴——美国犹他州宾厄姆峡谷的铜矿。洞穴深达800米，跨度4千米。从采矿洞中挖掘的岩石足以填平巴拿马运河7次。

顽强的草

只有特殊的植物才能在矿山含铅废料里生存下来。在威尔士，植物学家发现一种纤细的剪股颖已经适应了这种严酷的环境，能够抵抗浓度高达1%的铅，这一浓度足以杀死大多数其他植物（以及动物）。

22 乔治·鲍尔（Georg Bauer，1494—1555），德国人文主义学者，矿物学家和冶金学家。在他的职业生涯中，出版了40多本学术著作，涉及学科广泛。

大城市的灯光

* 在1700年，全球只有五个城市人口超过50万：西方的伦敦、巴黎和君士坦丁堡（现伊斯坦布尔），东方的北京和东京。一个世纪后，这个“超级城市”名单上只多了一个广州。大多数城市仍然很紧凑，可以在步行半小时内穿过整座城市。但是从那以后，城市增长速度甚至超过了世界整体人口的增长速度。

新邻居

典型的郊区房屋和花园组合似乎比原始栖息地更适合某些动物。浣熊和狐狸都适应了郊区生活，郊区的鸟类有时比乡下还多。在美国，一种在地面筑巢的鸟——美洲夜鹰——成功地搬进了市中心，在平坦的砾石筑的屋顶下蛋。

浣熊

纽约啊，纽约……

街市生活

* 1800年，全世界仅约3%的人住在城里，按照现代标准，甚至当时最大的城市都很小。城市的规模只能维持到这样：因为唯一的交通工具是马匹。从生态角度讲，城市是景观上的主要污点，但是因为它们数量不多而且城市之间距离很远，其综合影响有限。

✱ 今天，世界上超过100万居民的城市有200多个，超过1000万居民的城市也有十几个。城市不再仅仅属于少数人，城市生活正在迅速成为常态。

城市的分量

1500年代初期，荷兰成为世界上第一个10%人口居住在城市的国家。今天，这个数字大约是90%，荷兰成为世界上城市化程度最高的国家之一。

城岛

✱ 城市在许多方面影响环境。您不必是生态学家也可以注意到，城市破坏自然栖息地并产生污染，其中一些影响更加微妙。因为建筑物不吸水，所以下雨后会加快地表水的排放，增加洪水暴发的可能性，以及改变下游生物的生存条件。城市拥有自己的小气候，雨和云比建城之前都多，并且风速也比较慢。城市自我形成“热岛”，市中心的平均温度通常比郊区高3℃。这种情况有时对野生动植物有利：在欧洲和北美的一些城市，冬夜里常常有鸟飞进城里享受那里免费的温暖生活。

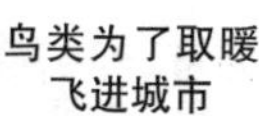

鸟类为了取暖飞进城市

✱ **但是，从大局来看，像这样的附带福利对整个野生动植物区系没有多少好处。城市是长期的消费中心，把世界各地的资源吸收进去。城市越多，所需要的资源就越多，对自然世界的影响就越大。**

城市的兴衰

“大都市”一词是在1960年代早期由法国地理学家**吉恩·戈特曼**用来形容汇聚成数英里长的巨大的人口中心的城市群。最早的大都市是古希腊一个城邦，这个城邦被近10千米的墙围住。具有讽刺意味的是，这个城邦的现代人口只有5000人。

椋鸟

城市在扩张

扩大视野

＊ 城镇以目前的速率扩张，给农业用地造成了沉重的压力。鉴于这一单向变化，还有足够的耕地来养活地球上日益增长的人口吗？就像问到有关自然资源问题时那样，答案往往取决于您喜欢谁的意见。

粮食储备

20世纪末，世界储存的粮食足够全球人口吃70天。尽管农业得到改善，但是情况不比1960年代初好。

土地和食物

＊ “丰饶”经济学家认为，土地是一种未被充分利用的资源。理论上，地球无冰区的1/4土地适合生产食物，但目前这些土地仅不到一半是耕地。名义上，这些数字说明，只需将我们使用的土地数量增加一倍，就可以把食物供应加倍。如果把将来技术改进和农作物产量提高考虑进去，表面上看似短缺的土地一点也不短缺：即使城市不断扩张，也应该有足够的土地养活全球人口。

粮食储备足以维持70天

＊　大多数生态学家从另一个角度思考问题。今天约15亿公顷的耕地已产生了巨大的环境问题。其中一些问题，例如盐渍化，已经摧毁了曾经的耕地。扩大耕地面积很可能会使环境状况更糟。**这个故事的生态伦理是，与其寻找新的耕地，倒不如保护我们已经使用的耕地，**以可持续的方式进行种植。

粮食增收

自1950年以来，世界粮食产量增加了近2.5倍，**但人口的增长意味着人均粮食产量的上升并不乐观。**在1950年，这个数字约为每年人均250千克，而今天约是300千克——这是在1980年代初期首次达到的水平。

必须更加努力

＊　土地和食物问题因为世界各地存在的严重不均衡而变得复杂。目前，世界粮食生产仅仅能满足人类的需求，前提是粮食完全平均分配，这个当然不会发生。**食物分配不均衡，饮食也一样。**如果世界上每个人都严格素食（在世界上最冷的地方是不可能的），全球粮食生产可以相对容易地养活我们。但是，如果每个人都改吃西式汉堡加薯条，世界上只有一半的人口能找到吃的。

＊　**过去，生产力的提高养活了不断增长的世界人口，但是这个任务正在变得越来越难。**

份额缩小了

每年用于农作物种植的新耕地数量与不良农业实践或用于建筑的耕地数量相抵。因此，全球人均耕地数量在最近50年下降了大约40%。

以肉为主的饮食是不可能养活所有人的

16 世纪的时候，亚麻工业是荷兰的一大污染源

第五章

清除污染

* 污染并不是什么新鲜事。在 1500 年代后期，荷兰的亚麻漂白厂将有毒废物倒入臭水沟。在 17 世纪初，伦敦的空气里充满了有毒的煤烟，以致一些著名作家呼吁禁止烧煤。但是直到 20 世纪，污染主要是地方性问题，只影响着某些地方而没有殃及邻近地区。但是自那以来，污染逐渐成为一个几乎没有任何人或物可以躲避的问题。

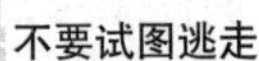

不要试图逃走

过量

某种物质是否是污染物往往是量的问题。例如，二氧化碳是大气的常规组成部分，对植物生长至关重要。但是，当燃料燃烧时释放大量的二氧化碳，它就变成了污染物。

自然污染

* 在污染的问题上人类没有垄断权。在自然界里，死去的动物和腐烂的植物会造成水体污染，而草原野火和火山喷发会造成空气污染。海洋微型生物鞭毛藻类种群暴发，所形成的有毒“赤潮”周期性地造成数百万的鱼类死亡，使它们搁浅并在海岸上腐烂。

* 数百万年来，生物进化出了对这些环境问题的适应能力。但是它们对各种各样新的现代污染没有任何抵御能力。

全球污染

✱　同时出现在19世纪中叶的两项技术突破标志着现代污染时代的开始。其一是内燃机的发明。由法国工程师**艾蒂安·勒努瓦**[23]于1860年首先建造的内燃机创造了能在陆地、海洋和大气移动的污染源。另一项是在内燃机出现的四年前，英国化学家**威廉·珀金**[24]发明的第一种合成染料。这种叫苯胺紫的染料非常受欢迎，珀金从而大发其财。这项发明引发了一波研究，其他化学家也寻找类似的物质。有机化学这一新研究领域中最终不仅发明了多种新型染料，而且发明了种类繁多的溶剂、药物、农药和塑料。其中一些物质存在于自然界，但大多数都是人类创造的。

✱　今天，这些有机化合物超过1000万种，每天还有数千个新的化合物注册。所有有机化合物都经过毒性测试，但因为大多数这些物质以前从来不存在，它们的长期环境影响未知。

安全？怎么安全？

速效毒药容易识别，但是诱变剂——导致遗传突变的化学药品——很难识别。美国生物化学家**布鲁斯·埃姆斯**[25]发明了一种识别这类化学药品的标准方法，用一种在正常情况下不能分裂和生长的沙门氏菌特殊菌株进行检测。如果这些细菌在加入化学药品后开始分裂，则证明该化学物质会导致突变以及可能致癌的基因变化。

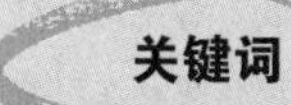

污染

由于释放化学物质或其他药剂而对生命系统造成破坏的现象。

火山爆发是自然污染源之一

23　艾蒂安·勒努瓦（Étienne Lenoir，1822—1900），法国-比利时工程师。他最出名的贡献是发明内燃机，这种内燃机以瓦斯作燃料。

24　威廉·亨利·珀金爵士（Sir William Henry Perkin，1838—1907），英国化学家。18岁发现了首个苯胺染料——苯胺紫。1866年当选英国皇家学会会员，1883年任英国化学会会长。

25　布鲁斯·埃姆斯（Bruce Ames，1928— ）。加利福尼亚大学伯克利分校生物化学与分子生物学系教授。在1970年代，发明了埃姆斯测验法，这种方法非常方便而且成本不高，对癌症的预防有着重要意义。

向下游漂移

* 如果您想设计一套免费的废物处理系统，流动的水是最佳方案。显然，水是非常好的溶剂，而且总是在流动，可以把废物排到看不见的下游。工业化国家充分利用此免费服务直到 1950 年代才停止，几十年后河流才开始恢复。

污水处理

污水处理模仿自然过程，让有机废物分解而不损害淡水生物。首先是初级处理，让固体废物在沉淀池沉淀。在二级处理系统里，液体废物经过滤床或在曝气池搅拌，这个过程让细菌分解剩下的有机物。最后，经过处理的污水在排放出去之前，用氯杀死传染性细菌和病毒。

水污染物

* **水污染物主要有两种——工农业化学品和生物废物**。数百年来，生物废物经常没有得到任何形式的处理，就倒入或（最近）排入河流。在18世纪，伦敦泰晤士河生物废物污染十分严重，以至于一位议员用河水而不是墨水写了一封投诉信给国王。

* 生物废物为100%的有机物，因此很快就被分解。麻烦的是负责分解有机物的生

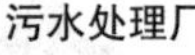

污水处理厂

物——主要是细菌——需要氧气参与自己的工作。如果一条河中有很多生物废物，大部分氧气会被耗尽，因而对河流生物产生重大影响。颤蚓可以在含氧量很低的水里存活，但更活跃的动物，特别是鱼类将会死亡。

把问题冲掉不等于解决了问题

大清理

＊　到了1950年代，发达国家城市河流的氧气含量跌至危机水平——约为自然水体氧气含量的10%。伦敦的情况十分糟糕，一条叫“泰晤士”的吹泡船被用来直接往水中注入纯氧气，这是非常昂贵的修复，但效果十分有限。幸运的是，1950年代是个转折点，事情不会比这更糟糕了。

＊　随后的几十年里，大西洋两岸建造了更多的污水处理厂。这些处理厂提供了细菌需要的氧气，使得自然分解过程远离河流。废水排出时，几乎所有的有机物已被分解。这样的治理意味着，今天的城市河流尽管不完全干净，至少从生物学角度上看，它们还是有生命的。

系统超载

生物需氧量（biological oxygen demand，简称 BOD）是对分解者（第 28～29 页）分解水中有机物所需氧气的测定。城市废水的 BOD 比河流或湖泊的 BOD 可高出 20 倍。

向河流注入纯氧是一种昂贵的增氧方式

隐藏的危险

* 尽管水污染处理有了很大改进，但迄今还无法完全消除所有进入水体的化学污染物。这些化学品包括肥料和农药，以及各种工业副产品。其中一些相对无害，而其他的则可能致命。

许多生态危害都是看不见的

汞污染

* 1950年代初，在日本的一个小镇——水俣镇发生的故事说明了当工业废物逼近家门口时会出现什么。水俣镇的渔民和其家人，以及猫和海鸥出现严重的中毒症状。至少有50人丧生，而其他许多得了“水俣病”的受害者终身瘫痪。受害者有一个共同点——他们吃过水俣湾的海鲜。健康部门发现，海湾里的鱼和软体动物体内汞含量很高。这些汞可以追踪到一家工厂排放的废水。废水排放已经停止，但那时已经造成汞污染。

双壳类

* 重金属——其中包括汞、镉和铅——用于许多工业过程，但一旦

关闭污染之门

传统的水体污染防治措施包括“管道末端治理”解决方案——一旦产生污染物就对其进行处理。这是应对已经产生的污染物的做法。在大多数情况下，减少污染物才是更有效的处理方法。

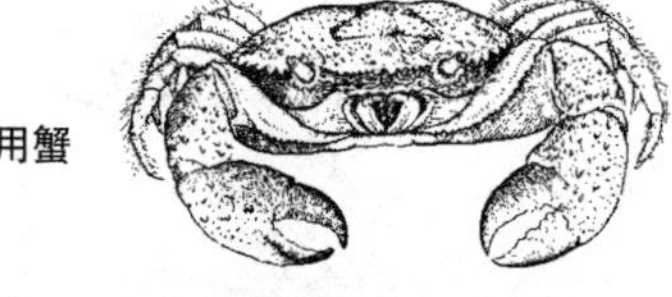
食用蟹

使用，重金属就可能会泄露。把它们从废物里清除费用昂贵，而且技术难度大。这就是为什么水俣灾难发生多年后，汞仍然污染着世界许多地方的河流。

水俣镇的居民是水污染的牺牲品

深不可见

* 水污染物并非总是进入河流和湖泊，一些通过土壤渗透而进入隐藏的地下深水库。因为地下水的流速比江河的水流速慢得多，一旦地下水库被污染，污染物通常会在那里停留很长一段时间。**在英国东部一些地下水中仍然有19世纪逸出的微量鲸油废物。**

* 对于野生生物而言，受污染的地下水的危害小于受污染的河流和溪流的危害。但对于人类来说，问题就更严重了。地下水常用于饮用和灌溉。因为我们使用的地下水很多，无论进入地下水的是鲸油、汽油还是肥料中的硝酸盐，迟早是会重新被抽上来的。

地下水污染

来自美国国家环境保护局的数据表明，40多个州的地下水受到化肥中的硝酸盐污染。有30多个州的地下水存在农药、汽油残留物和重金属的污染问题。

受污染的溪流对鱼类很危险

污染物积累的影响

＊ 水俣病是生态警报现象的一个经典例证。这个生态现象被称为生物积累或生物放大。在这个过程中，具有污染性的化学物质富集在位于食物链顶端的动物体内。结果是一种环境中相对稀少的污染物最终可能对某个物种产生毁灭性影响。

关键词

持久性

污染物被降解前在环境中存在的时间。持久性通常用污染物的半衰期来衡量。半衰期是一种污染物的一半在环境中消失所需的时间。

富集因子

某种特定污染物在动植物体内浓缩的量。

沿着食物链移动

＊ 当近海水域被汞污染后，污染物会与海床上的沉积物混合。居住在海床上的蠕虫把食物连同汞一起吃进去，但它们排泄废物时无法排出汞。沉积物里的汞含量通常非常低，可能仅占沉积物的十亿分之一。但是汞慢慢地在蠕虫体内积累，最终可达到海床上淤泥中汞浓度的2000倍。

＊ 这个浓度的汞不能杀死蠕虫，但足够在生物之间继续传递。每次汞在食物链中向上移动一个营养级，其浓度就得到提高。受污染的鱼含汞的浓度通常是蠕

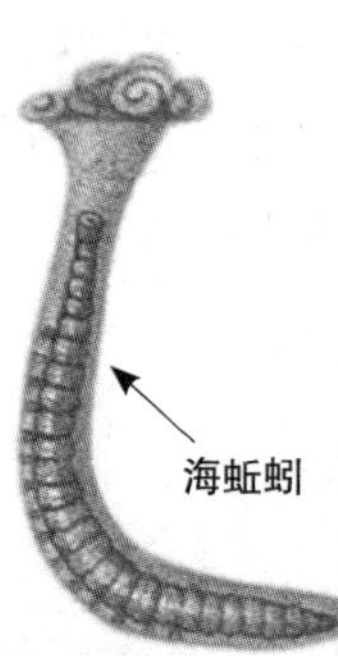

虫的5倍，而海鸟体内的汞浓度通常是鱼的8倍。这个浓度的汞可以威胁生命，这就是为什么水俣镇的海鸥会受到这种疾病的影响。

企鹅体内的多氯联苯含量很高

高度富集

* 生物积累过程像数学计算一样精确。牡蛎对锌的富集因子大约为10万倍，而对镉的富集因子为30万倍。对有机化学品（如杀虫剂）的富集效果更加明显。当滴滴涕进入河流后，以鱼为食的海鸟体内的滴滴涕浓度可为水中滴滴涕浓度的2500万倍。

* 污染物越稳定，富集过程持续的时间就越长。一类称为多氯联苯（polychlorinated biphenyls，PCB）的有毒有机化学物是水质问题中的特殊问题，因为它们具有数十年的潜在寿命。与滴滴涕不同，人类从来没有打算把这些工业化学品排放到环境里，但实际上它们逃逸到环境里并且留在那里。这些持久性有机物在被限制使用20年后，已经扩散到整个海洋生物区系，远达南极洲。

致命的脂肪

氯化烃是一组包括滴滴涕在内的化学品，不易溶解于水，但在油和脂肪中会溶解得很好。这对海鸟和海洋哺乳动物非常不利，因为许多海鸟和海洋哺乳动物使用身体里的脂肪或“兽脂”来保暖。结果它们的脂肪里储存着大量的化学污染物。尽管北极熊和企鹅都生活在污染最轻微的环境里，但它们体内经常含有高浓度的多氯联苯。

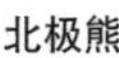
北极熊

废物时代

* 对于大自然来说，废物是一个外来概念，但这是人类世界的一个现代特征。欧洲每人年均产生半吨废物，美国每人年均制造的废物是前者的一半。面对如此多的废物，过去简单地把废物埋藏和遗忘的日子即将结束。

掩埋

* 在20世纪，废物处理的历史充满了不愉快的发现和一些仓促的方向变化。直至第二次世界大战之前，工业化程度最高的国家都将城市里的垃圾倾倒在采石场或低洼地带。堆满后通常会把废物整平再用土壤覆盖，然后用作农地或建筑住房。

* 这个简单的过程忽略了一个重要的事实：垃圾不是惰性的。一旦它被丢弃，里面的有机物开始分解，释放出甲烷和其他易燃气体。与此同时，渗入垃圾堆的涓涓细流会带走散发着恶臭的混合物，其中有油脂、已溶解的化学制品和危险的细菌。

欧洲每人年均产生半吨废物

垃圾成山

世界上最大的垃圾场之一在纽约的斯塔滕岛，约有7000万立方米垃圾，而且每年增加近500万吨。

关键词

浸出液

地下水或雨水浸透土壤或掩埋废物时产生的一种含有形形色色成分的液体。

从垃圾场渗漏出来的化学废物，其毒性足以溶解鞋底

* 1960年代和1970年代发生的一系列重大污染事件表明，用这种堆放掩埋方式来处理现代家庭垃圾是非常危险的。因此垃圾填埋场经过重新设计，使得受污染的径流或浸出液不再有机会逃逸出去，垃圾堆满后不再被遗忘。这些高科技的垃圾填埋场必须严格管理并进行数十年的监控。

气体和灰烬

* 另一种废物处理的传统方法——焚烧——亦被各种问题困扰。第一批大型焚化炉建于1900年代初期，在低温条件下焚烧产生大量污染烟雾。在1950年代，人们对空气质量的关注导致焚化炉被弃用。20年后，垃圾填埋场空间用完了，焚化设备又回来了。

* 现代焚化炉燃烧废物时使用极高的温度——高达1000℃。这个温度足以摧毁任何有机物，但也会导致重金属（例如汞和铅）汽化或升华。尽管捕获这些空气污染物的技术得到了改进，这项工程仍然是肮脏而且费用不菲的，很少有人愿意让其建在自己的家门口。

运河的教训

使用“埋葬和忘记”方法处理废物造成了美国最严重的污染事件之一，事故发生在纽约州尼亚加拉大瀑布附近的一个小镇。在 1940 年代和 1950 年代，超过 2 万吨化学废物用桶装着放置在当地运河空荡荡的河床上。后来，堆放这些废物的河床被覆盖上泥土，而且在上面建起了房子。几十年后，化学废物开始泄漏，杀死植物和动物，甚至溶解了人们的鞋底。住在这个地区的居民被疏散，清理这片土地的费用超过 2.5 亿美元。

不会消失的废物

✱ 在生命的悠久历史中，大自然的回收者——主要是细菌和真菌——通过进化获得了处理大量各种各样有机残余物的能力。至少到目前为止，它们没能做到的事是回收今天家庭废物里的人造材料。因为这些东西不能被分解，在未来很久一段时间里，这些材料注定成为地球的垃圾。

人类垃圾扔得到处都是

可生物降解的

能被生物（通常是微生物）分解成简单无机物的物质。

超大体积

可生物降解的物质——包括纸张和纸板、木材、食品废料和花园垃圾——通常占家庭垃圾的50%以上。塑料大约占家庭垃圾的10%，但是因为它们的密度低，其体积占垃圾总体积的25%。

退出生物循环

✱ 人类产生的废物分为两类。可生物降解的废物包括剩饭剩菜、纸张和纸板。这些原本就是来自生物体的有机物，在适当的条件下可以被分解者分解。不可生物降解的废物不能以这种方式被分解。随着时间的流逝，其中一些会被分解，但是大部分保持不变。

✱ 直到20世纪，这类不可生物降解的废物主要包括陶瓷、玻璃和金属。所有这些材料都很沉重，这一点有助于防止它们

有些垃圾可以留存很久

妨碍生物的生长。多年来，无数由这些材料制成的器具——从罐和瓶到硬币、汤匙和铁铲——被遗弃或丢失在人类居住的世界。或迟或早，它们绝大多数都会无害地离开人类的视线。

到处漫游的废物

* 随着酚醛树脂在1909年的面世，出现了一组全新的不可生物降解的材料。与玻璃、金属或陶瓷不同，塑料很轻，被丢弃后不会总待在原地，而是经常随水漂浮或被风吹走。其中一些随着海流甚至可以漂移到数千英里之外。

* 废塑料不仅是个美观问题。每年数以千计的海洋哺乳动物和海鸟被废弃的塑料网和塑料线纠缠致死。聚苯乙烯可以分解成塑料微颗粒，呈絮状漂浮在水面上，水生动物吸入后会窒息死亡。1988年，一项国际公约禁止向海上抛弃塑料，但当你来到任何一个海滩，无论在多么偏远的地方，你都会发现废弃塑料遍及地球。

过时新闻

垃圾填埋场里通常含氧量很低，因此里面的有机质分解非常缓慢。废物研究人员发现在一些垃圾场，埋藏在地下 25 年的报纸仍然可以阅读。

真菌是大自然的分解者

不洁的空气

空气的污染源有大小两种

✱ 200多年前，诗人罗伯特·骚塞[26]把伦敦的空气描述为“沼雾、烟气、煤尘和马粪粉混合物”。如果他今天来伦敦或任何其他主要城市看看，他会发现煤尘和马粪可能已经没有了，但是空气污染仍然存在。

空中的化学

原生污染物指的是直接释放到大气里的那些污染物。次生污染物指的则是由原生污染物起化学反应后形成的物质。许多次生污染物甚至比合成它们的原生污染物更成问题。

原生污染物直接释放到大气里

遮天盖地

✱ 空气污染比任何其他形式的环境破坏都严重的是，它在各种规模上都会造成影响。花园篝火产生的烟雾会造成严重的局地污染，但其影响在一二英里以外可以忽略。而工业释放的烟雾和气体需要更多的空气来稀释和驱散，所以，当这些污染物大量释放时，其影响在下风处很远的地方都能感觉到。

✱ 在诗人骚塞的时代，这种区域性影响仅限于有空气污染的地方。但是，因为城市迅猛发展，以及我们使用的燃料远多于200年前，空气污染现在已经遍及全球。

26 罗伯特·骚塞（Robert Southey，1774—1843），英国作家，湖畔派诗人之一。于1813年被封为“桂冠诗人”。

隐形曝光

✱ 物质燃烧会产生两种污染物。吸引诗人骚塞眼睛的那种是颗粒物——小得可以漂浮在半空中的固体微粒物。颗粒物通常是燃烧不完全的结果——部分燃烧产生的烟灰。烟灰是轻易可见的空气污染，在局部范围可能对健康构成严重威胁。但是，烟灰颗粒不会传播很远。在区域和全球范围内，看不见的污染物危害更大。

✱ 这些看不见的污染物都是气体，每种都有不同的化学特征。有些像二氧化硫对生物有直接影响，高浓度足以杀死动植物；有些像二氧化碳完全无毒，然而足够的浓度可以使动物窒息。这些气体不管有没有毒，都有一个共性：它们以前所未有的量被释放出来，其中一些气体正在引发整个地球的气候变化。

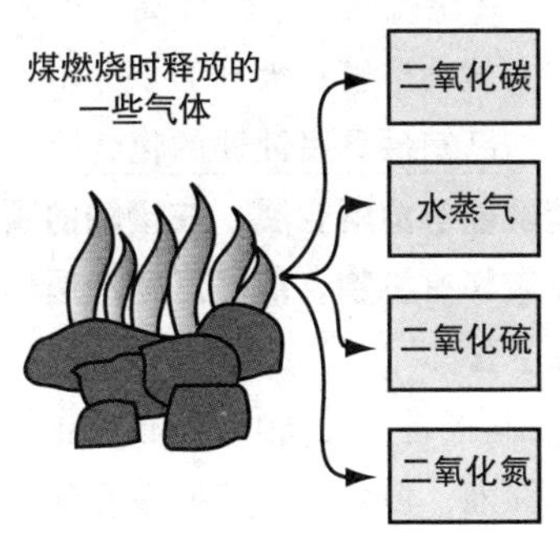

空中逃逸

如果你打开一罐油漆的盖子，几个月后你会发现这罐油漆所剩无几，没多少能用了。油漆溶剂只是挥发性有机化合物的一种，仅仅由于消散在空中就会造成污染。其他挥发性有机化合物包括溅出的燃油，干洗店的洗涤剂以及最臭名昭著的冰箱和冷冻器中使用的冷却剂。挥发性有机化合物都有高蒸汽压，这意味着在室温下它们很容易蒸发。

酸的袭击

*** 从烟囱和排气管排出的所有气体里，二氧化硫是第一个被列为对环境具有严重危害的气体。控诉书里给它列举的罪行包括损害森林和使湖泊里不长生物，此外还损坏了一些世界上最珍贵的艺术品。**

消失的大理石

大理石和石灰石都受到酸雨袭击。在欧洲，酸雨已经破坏了很多始建于中世纪的大教堂，它也侵蚀了雅典卫城的雕塑。为了防止进一步的酸腐蚀，有些古迹不得不用塑性树脂覆盖。

天然的酸雨

离烟囱千里之外，仍然有酸雨。这是因为雨水也溶解大气里的二氧化碳，形成碳酸。碳酸的酸性很弱，但是如果有足够的时间，它可以溶解石灰石，形成洞穴。

难受的雨

* 二氧化硫的水溶性很高。但凡有机会，它就会溶解在大气的水分中产生硫酸——已知最具腐蚀性的化合物之一。**浓硫酸能够溶解金属，在接触的瞬间就可以破坏有机物，能够迅速渗透体表而腐蚀下去。**

* 幸运的是，大气中的硫酸腐蚀性不会如此强烈。但是，即使酸性不强，累加

快走吧亲爱的，下酸雨了

效应也非常大。作为酸雨降落后，它改变土壤的化学性质，对针叶林特别有害。酸雨降落在湖泊后，导致湖水的酸性上升和鱼类死亡，对作为鱼类食物的动物同样也是致命的。

能降到多低？

pH值是测量酸碱度的标度，从0（极端酸性）至14（极端碱性）。电池里酸的pH值约为1，而水的pH值为7。斯堪的纳维亚半岛南部许多湖泊的pH值为4.5。在苏格兰，雨水的pH值最低纪录是2.4——与醋的酸度大致相当。而在洛杉矶，大雾的pH值最低纪录为1.7。

错误的举措

* 具有讽刺意味的是，1950年代和1960年代与烟雾污染作斗争的努力实际上使酸雨更加严重。在美国和北欧，许多燃煤工厂和发电站安装了超高的烟囱，以确保周边城镇不受烟尘影响。这些新的烟囱不仅减少了当地的烟雾，也像发射台一样把二氧化硫和二氧化碳顺风送出很远。结果，在原本不受影响的挪威南部和瑞典南部，淡水野生动植物迅速消失。世界部分地区的底层岩石是碱性的，这有助于中和酸雨；但在斯堪的纳维亚半岛南部这样的地区，基岩在化学上是中性的，因而没能阻止酸雨的肆虐。
* **目前情况有所改善**。在发达国家，最近20年硫排放大大减少了，酸雨没有以前的威胁那么大。然而，尽管人类一直在试图恢复那些受损湖泊和森林的生机，但它们都尚未恢复。

鱼都去了哪里？

酸雨严重影响了挪威的淡水野生动植物

极地空洞

＊　臭氧是大气层中的杰基尔和海德[27]。在地表它是剧毒的污染物，而且是城市烟雾中最重要的成分。但是在距地面 25 千米以上的平流层中，同样的气体构成了防御保护的屏障，保护地球上的生命不受来自太阳的紫外线伤害。最近，这个屏障出现了大洞。

臭氧是大气层中的杰基尔和海德

进入高空

＊　臭氧层遭到破坏可以追溯到1920年代，那时刚刚发现氯氟烃。氯氟烃具有一些不寻常的特征，其中之一是它们非常稳定。第二次世界大战后，氯氟烃越来越多的用途被发现，特别是作为制冷剂和气雾喷射剂。氯氟烃产量飙升，同时逸出到大气中的量也猛增。

冰箱

为什么出现在两极？

到目前为止，大气科学家仍然不确定为什么两极上空的臭氧损耗尤其严重。原因之一可能是极地寒冷的大气中的冰晶为臭氧分解提供微观工作表面。另一个原因可能是两极冬季的大风回旋循环，聚集了破坏臭氧的化学物质，到了春季这些化学物质开始消耗臭氧。南极洲的风力最强，这可以解释为什么这里比地球其他任何地方的臭氧损耗更严重。

27　杰基尔和海德（Jekyll and Hyde）：英国作家史蒂文森的作品。书中的主角是善良的医生杰基尔，他将自己当作实验对象，结果却导致人格分裂，变成邪恶的海德。后来此故事成为双重人格或双面人的代名词。

* 当时，没人想太多。氯氟烃是无毒的，而且从来没有牵连进任何已知的环境问题。但在1970年代初，情况开始改变。两位美国科学家——**马里奥·莫利纳**[28]和**弗兰克·罗兰**[29]发现，尽管氯氟烃在低层大气或对流层中稳定，但它们达到平流层之后开始分解。分解产物之一是氯，这种物质可以触发破坏臭氧的连锁反应。他们的研究表明，在几十年内臭氧层可能消失。

为什么说臭氧很重要

臭氧能够屏蔽掉UV-B——一种最强的紫外线。UV-B水平升高会导致皮肤癌和白内障，也会影响植物生长。这是因为UV-B的能量会破坏有机物，包括DNA，即控制活细胞的物质。

首要嫌犯

* 化工界不承认莫利纳和罗兰的研究结论，许多大气科学家也不肯信服。但在1980年代初期，破坏臭氧的证据开始出现。英国科学家发现，每年春天南极洲上空的臭氧屏障都会有形成一个洞的迹象。1984年，卫星照片确认了这个洞的存在。

* 1987年签署的《蒙特利尔破坏臭氧层物质管制议定书》，专门制定了减少氯氟烃使用的行动计划，该计划现在进展顺利。但是，因为氯氟烃可以在大气中存在数十年，我们要面临至少50年的等待，臭氧层才会开始恢复。

关键词

对流层

大气层最底层，从地球表面向上延伸约12千米。其中含有大气层里绝大部分水分及几乎所有的云团。

平流层

位于对流层之上的大气层，它向上延伸至约50千米的高空。

28　马里奥·莫利纳（Mario J. Molina，1943—2020），美国国家科学院院士。1987年，与其他科学家共同努力，促成关于禁止使用氟利昂的《蒙特利尔破坏臭氧层物质管制议定书》。1995年获得诺贝尔化学奖。

29　弗兰克·舍伍德·罗兰（Frank Sherwood Rowland，1927—2012），美国化学家，因对大气化学的研究工作，特别是臭氧的形成与分解，与马里奥·莫利纳和保罗·克鲁岑共同获得1995年诺贝尔化学奖。

地球温室

约翰·廷德尔

＊ 早在人类对臭氧层产生影响之前，英国物理学家约翰·廷德尔[30]就已发现二氧化碳不凡的特性：光线可以穿透，但阻碍热通过。该特性就是“温室效应”的幕后操手。温室效应是人类引发的最大环境变化现象。

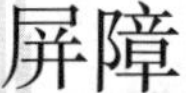

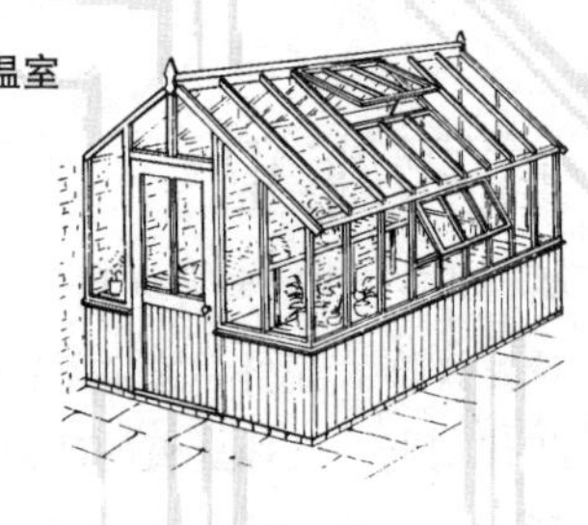
温室

温室气体

二氧化碳不是造成温室效应的唯一气体。其他温室气体包括水蒸气、氯氟烃、甲烷和氮氧化物。甲烷来自沼泽、牲畜以及废物分解，而氮氧化物主要来自燃烧的燃料。

屏障

＊ 温室效应对于地球上的所有生命都具有极大影响。它把大气层变成单向绝缘体，让阳光的能量到达地面，但限制热流从地球返回太空。没有温室效应，天黑后外出会感到不太舒服。因为即使在热带地区，太阳落山后，气温也会很快降下来，让人感到一阵阵冰冷的寒意。那样平均温度将达到-20℃，地球上绝大多数的水将会冻结成冰。

往火上添点煤

30 约翰·廷德尔（John Tyndall，1820—1893），英国物理学家，英国皇家学会会员。以对红外线和空气的研究出名。他的工作为理解气候变化和气象学奠定了基础。

气候学家可以知道过去和未来的气候

✱　温室效应的强度取决于大气中的二氧化碳含量——二氧化碳越多，热散发就越困难。在工业化之前，二氧化碳含量可能约为百万分之二百五十（250ppm）。如今已接近360ppm，在100年中含量上升了1/4。对于整个大气层来说，这是一个非同寻常的快速变化。这些新增的二氧化碳几乎全部来自化石燃料。

“存款外流”

✱　**化石燃料燃烧时，把已经埋葬了数百万年的二氧化碳释放出来**。这种二氧化碳就像从某个封存很久的金库里调出来的钱。现在有许多气候学家认为，到了21世纪，这些额外的二氧化碳必然使整个地球变暖。如果这个推测对的话，全球变暖将会开启一个空前的环境变化时期：即将发生的变化难以预测和极度难以逆转。

古代的大气

通过分析封存在南极冰层深处的气泡，气候学家能够估算过去15万年间大气的二氧化碳水平。这些被封存的空气显示，二氧化碳和甲烷含量在温暖的间冰期最高。我们目前处于间冰期：在13万年前的上一个间冰期里，这些气体也出现高值。

北半球的影响

尽管大气中的二氧化碳水平总的来说呈上升趋势，但每年之内都有升降。这些每年的“波动”是因为地球上大多数陆地和植物都在北半球。在北半球的夏季，植物吸收二氧化碳，到了冬天，植物死后把一些二氧化碳释放出来。

冰的融化

＊ 1980 年代初，全球变暖首登新闻头条，关于全球变暖可能的影响意见分歧很大。一些专家预测 21 世纪海平面将上升 4 米，但是 1990 年代后期预测的数字已经下降到 50 厘米。这些尴尬的预测结果告诉我们：面对如此复杂的星球，没有人真的知道全球变暖将会有什么影响。

海平面上升会造成一些问题

留下不走

尽管最近有些恐慌报道，但是在可预见的未来，南极洲的冰盖融化的可能性是零，因为冰盖的巨大体积使它们免受温度变化的影响。海冰是另一回事，因为它非常稀薄。海水温度小幅度的上升就可能显著地减少北冰洋和南极洲附近冬季的海冰覆盖。

遭遇危机

＊ 导致海平面上升的因素十分复杂。如果地球变暖，两极的冰会融化，海洋的水量将增加。同时海水将扩张，导致海平面上升。两极冰融化与海平面上升，**哪个更重要？**在1980年代，融冰的影响颇受重视，但是海水扩张被忽略了。今天，许多气候学家认为两者的重要性应该反过来。

＊ **如果大量的极地冰开始融化，不会都具有相同的后果。**目前覆盖了北冰洋大部分地区的浮冰融化不会

没有人知道确切的答案！

改变海平面，就像冰块融化不会改变一杯饮料的液面的高低。但是，组成冰帽的冰川融化确实能够提高海平面，因为它从外面往海洋里加水。

连锁反应

* 反馈作用使预测海平面变化更加困难。反馈作用是将一个变化与另一个变化联系起来的过程。冰帽非常擅长反射光和热，所以，如果它们收缩，地球将吸收更多的光和热。这将促进变暖效应，进一步提高海平面。但气候变暖也可能增加高纬度地区云的覆盖，减少达到地面的光和热。云的增加还将产生更多的雪，反而加快冰川的生成速度并抵消一些额外的冰融化。

* **这种复杂性意味着未来关于世界海平面的预测——或其他任何全球变暖的影响因素——都必须谨慎地研究分析。预测的时间段越长，不确定性就越大。**

预测海平面变化是一件棘手的事情

关键词

冰川冰

冰川和冰帽里的冰由压实的雪形成。冰川冰厚度可逾 4 千米，最古老的冰川冰形成于数千年以前。

海冰

海水结冰时形成的浮冰。即使在北极，海冰厚度也绝不会超过 5 米。

移动的海岸线

从长远来看，今天的海平面已经很高了。通过研究新几内亚的古代珊瑚台地发现，在大约 13 万年前的间冰期，海平面比今天高出约 6 米，但是在 1.8 万年前的末次冰盛期，海平面比今天低约 130 米。

我不介意热一点

驯鹿

升温世界里的生命

* 对于生活在北极冻原的驯鹿，温度上升几度可能不是坏事。同样，居住在寒冷地方的人很少会拒绝获得额外的升温。不幸的是，迅速升温弊大于利，因为正在变化的气候模式会影响生物的分布。

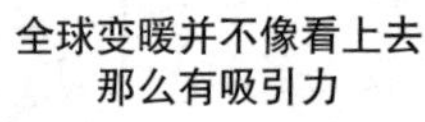

全球变暖并不像看上去那么有吸引力

天然的气候变化

气候记录表明，地球目前的升温速度比过去1万年里任何时候都快。然而，这还不是历史上最快的升温。对昆虫化石的研究显示，在1.3万年前的上一个冰期末期，北欧的气温上升速度就像今天一样快。

死亡名单

* 与人类不同，许多植物和动物对它们的生存条件有特殊的要求。换句话说，它们具有狭窄的生态位（36～37页）。当地的天气模式是确定它们生态位的最重要因素，也是全球变暖最有可能改变的一个指标。因为更多的热能储存在大气中，在未来的几十年中，天气可能会变得更加动

荡。全球降雨将增加，但气流改变将意味着某些区域实际上会变得更加干燥。

✱　生物不断适应环境变化，在历次的气候大变动中幸存下来。在上一次冰期之初，随着冰川向前推进，整个北半球的森林往后退缩；当冰川开始融化时，森林又向前推进。但是，每次气候变化发生时，总有些物种无法适应从而死去。气候变化越快，就有越多的生物加入死亡名单。

踩油门加速

因为植物需要二氧化碳进行光合作用，二氧化碳水平的增加意味着它们生长更快。理论上，生长率的增加可能是全球变暖的好处之一，因为它可以提高庄稼的生产力。但是在变暖的世界，农业的整体前景非常混乱。世界上一些作物高产地区（例如美国中西部）可能会由于干旱受到严重影响，收成大大减少。

热浪扑面

✱　目前尚无法知道哪些物种将受到全球变暖的危害，但可能受到危害的物种名单会很长。有些会受到升温的直接打击，而其他则会以微妙的方式受到影响。例如，北极熊常常在冬天觅食，它们离开陆地来到海冰上寻找海豹。受到全球变暖的影响，每年海冰的形成时间会更晚。于是随着夏天的结束，北极熊将面临食物短缺的危险。

✱　对于动植物整体而言，全球变暖可能意味着进一步的生物多样性急剧下降，而这一现象已经在进行中。

如果作为狩猎场的海冰形成晚了，北极熊就得挨饿

这不是
我们的错

反击升温

***** 根据联合国政府间气候变化专门委员会（IPCC）的报告，到 2100 年，全球平均气温可能会上升约 2.7℃。然而，类似于经济学，在气候学方面，人们经常对不同趋势的重要性持不同意见。少数直言不讳的气候学家质疑全球变暖是否确实正在发生，而其他人则认为全球变暖正在发生，但坚持认为这不是“我们的错”。

未来的冰河时代

对全球变暖观点持批评态度者不必向前追溯太远，就可以找到最后一次引起科学恐慌的气候数据。在 1940 年代，全球温度上升约 0.5℃，达到 60 年以来的顶峰以后随即下降。接下来的 25 年维持这个趋势。在下一次升温到来之前的 1960 年代，很多气候学家认为很可能另一个冰河时代即将来临。他们其中一些人至今还坚持这个看法。

“通话完毕”

***** 这些分歧大部分源于地球的气候记录很难分析。用早期无线电方面的行话来说，记录由两种数据组成。一种是“信号”，是包含重要信息的部分。另一种是随机变化的“噪声”，它模糊了信号，有时这些噪声完全把信号淹没。

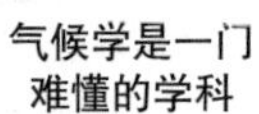
气候学是一门
难懂的学科

✱ 随着气候变化，将信号和噪声区别开变得非常困难，并且被检测的周期越短就越难。当升温实际发生时，5～10年的升温期看起来非常显著。但从长远来看，这是微不足道的统计学暂时偏差。温室效应怀疑论者指出，在一个10年的时间段里，地球好像在升温，但是从包括那10年的一个世纪看，地球好像在变冷。

我们是否应当为地球升温而承担责任呢？

寻找原因

✱ 温室效应怀疑论者的第二个质疑是二氧化碳水平和全球气温上升之间的关系。目前的温室效应共识是假设了一个因果关系，但总有可能这种关系只是统计上的巧合。如果这点确立，那么气温正在上升就是由其他原因引起的。

✱ 那气候变暖可能是什么原因造成的呢？第一个原因是太阳能量输出的变化，这是已知的事实，可以用来解释各种不同时间尺度上的气候变化。但是到目前为止，证据不足没有定论。就大多数气候学家而言，造成全球变暖的主要怀疑对象仍然是人类自己。

建立模型

与许多自然现象不同，全球整体气候不可能在实验室里测得。评估人类对气候变化影响的唯一方法是运行计算机模型——旨在尽可能模仿现实的电子模拟。温室效应怀疑论者认为，这些模型很多是有缺陷的，因为它们必须不断调整以得出靠谱的预测结果。

嘶嘶嘶……

人口爆炸

第六章

共享地球

✱ 全球变暖不是唯一产生强烈不同意见的环境问题。在1960年代，保罗·埃里希写出《人口爆炸》一书，自那以来，大多数环保主义者认为，地球由于人口过剩正在变得危险，人口压力成为地球上大部分生态问题的核心。虽然对有些人来说，这是不言而喻的，但是仍然有人强烈反对。

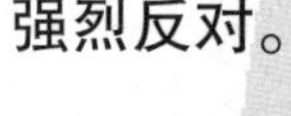

后果难测

哈丁[31]著名的理论之一是他的“生态学第一定律”：就环境而言，你做一件事时，总会在不经意间引发其他事情。一些意想不到的后果几乎立即发生，因此很容易看到。其他像化石燃料的影响，要等几个世代才能看到。

不公平的“股份”

✱ 1968年——也就是**保罗·埃里希**出版他的人口入门读本的那年——另一位美国生物学家**加勒特·哈丁**[31]发表了一篇名为《公地悲剧》的文章。他用这个关于一个共同拥有的牧场（即文章标题中的“公地”）的虚构历史故事探讨了人们**短期和长期利益**之间的冲突。

31 加勒特·詹姆斯·哈丁（Garrett James Hardin，1915—2003），美国生态学家。他对人口过多提出警告。

＊ “从长远来看”，哈丁写道，“如果保持牧场处于良好状态，公地的所有人都会有所获利，这意味着要限制进入牧场取食的动物的数量。但是，短期收益会大不相同。拥有最多动物的人获利就最多，为了在争夺中保持不败，土地就会惨遭过度放牧。”

脱离深渊

对于某些“极端生态学家”来说，即使人口减少到1/70，地球上的人也太多了。这个超激进信条的追随者们相信，生物圈若没有人类，情况会好得多——也许给进化一个机会，创造出更成功的智慧生命形式。

收缩以适应

＊ 从历史的角度来看，哈丁的生态寓言已引起争议，因为在公地，规则通常支配着它被使用的方式。但是共同资源概念以及破坏性的争夺利用，直接影响着今天的环境问题。这解释了为什么在数十年后，哈丁的《公地悲剧》仍然很有影响力。今天的公地不再是一块块牧场，而是包括土壤、海洋和头顶上的大气层。它们属于共同“拥有”，并且在大多数情况下，只有国际行动才能停止会造成长期性损害的短期开发。

＊ 那么过度开发会在哪个阶段开始呢？显然，这与参与开发的人数有关。意见很快就出现了分歧。一些人口专家把这个数字定为大约10亿，这个数字在两个世纪前就已经达到了。但是哈丁认为这个数字太高了，**他认为可持续发展的地球资源只够支持1亿以下的人口——今天的1/70左右。**

从公共资源中受益的人数有限

避孕药

还有更多空间？

＊ 与全球变暖或水污染相比，人口增长是一个带有强烈情绪色彩的主题。几乎所有的环保主义者都相信，人口数量必须受到控制——联合国人口基金等机构也持有这个观点。但是，这个想法引起了那些觉得“人口过剩还有很长的路要走”的人们的愤慨和敌视。这些人认为，人类应该根据自己的意愿自由生育。

约翰尼，你要添个小弟弟了

推迟庆祝

1998年10月，联合国人口基金宣布，1999年10月世界人口有望达到60亿——比以前的预期推迟6个月。推迟的原因是教育水平的提高和节育，使得家庭规模持续缩小。

出生和死亡

＊ 在过去的50年里，改进的节育方法对发达国家的人口增长产生了重大影响。许多欧洲国家人口增长出现逆转，日本和韩国人口有望在21世纪开始下降。在所有工业化国家中，只有美国似乎正在逆势上行。预计其人口将从今天的约3.3亿攀升到2050年的3.9亿。

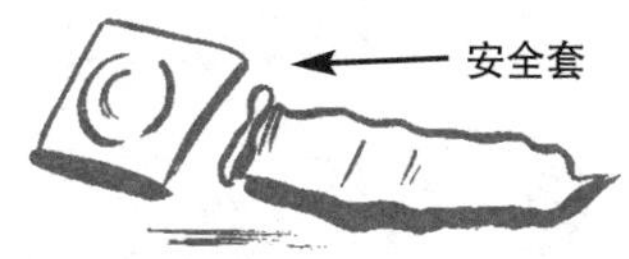

✱　现在，全世界约50%的女性使用某些节育方法，但由于宗教和文化原因，节育仍然是一个有争议的问题。**在有关节育的激烈辩论中，环保主义者经常被指控散布关于“人口不断增长危险”的错误观点和信息。**

快乐的家庭

✱　节育反对者认为，世界自然资源正在耗尽和食物很快就会耗尽是两个错误观点。错误观点的爆料者引用朱利安·西蒙和其他“丰饶”经济学家的作品作为证据（第106～107页和第110～111页），他们坚信自然资源和食物没有可预见的限制。第三个错误观点是人口过剩已经造成环境破坏。这里的证据来自土地利用的历史研究：肯尼亚马查科斯地区的土地利用。**在该地区，研究人员发现，在过去的60年里，尽管人口增加了5倍，但森林覆盖和耕地都增加了。**

✱　对于节育的反对者来说，这样的证据证实没有人口问题。这个立场与大多数环保主义者的信念是完全矛盾的，由此形成了一个难以达成共识的巨大分歧。

有些人认为非洲需要增加人口，而不是减少人口

需要更多的人

教科书里经常把非洲当作例子提出来，说明当人口迅速膨胀时，资源承受越来越大的压力。但是人口过剩论的反对者认为，非洲的问题可能源于人手不足，而不是过多。根据这个有争议的理论，当非洲变得人口更密集时，服务和通信将得到改善，总体生活水平将得到提高。

潜入阿拉斯加

加利福尼亚人可以从阿拉斯加“借”水，而不是节约用水。根据这项计划，一条海底管道沿着北美西海岸蜿蜒而下，直通到阳光之州。这个计划假设阿拉斯加当前的河水“白白浪费了”——这种观点并非所有阿拉斯加人都同意。

技术修复

* 在所有优秀的灾难片中，男女主角都用聪明才智找到方法逃出绝境。在虚构世界，这是一个熟悉的场景，治愈世界环境疾病的方案也重复了此场景。这些方案被称为“技术修复”，其特点是大胆地着眼大局和具有大规模干预全球生态系统的雄心。

阳光照耀

* 一个典型的技术修复例子，也是一个由来已久的想法，即用巨大的镜子将多余的阳光反射到地球，所得到的额外阳光可以用来促进植物生长和生产更多的食物。这个技术也可以提高目前经历漫长黑暗的地区冬天的温度，使之更加适合人类居住和开发辽阔的土地进行耕种。喂饱世界人口的问题便一击可解。

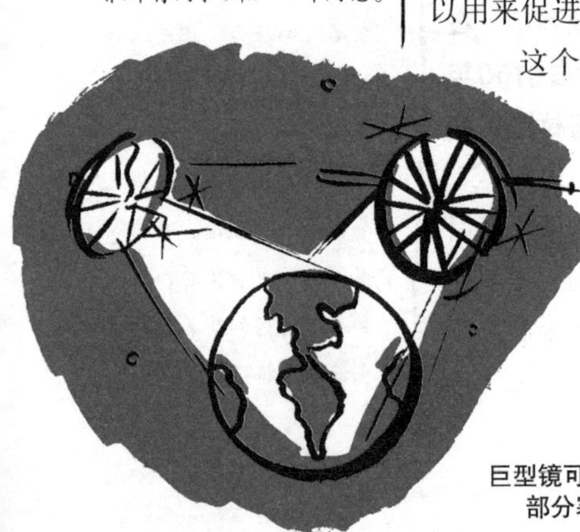

巨型镜可以用来为地球的部分寒冷地区加热

✱　这是一个听起来令人兴奋而又实用的想法。但是，这里有一个陷阱。像大多数其他技术修复一样，这是一个工程实践：该计划的细节可以一个个规划出来，但是生态后果无法预测。

全球故障

✱　如果这种计划付诸实施将会发生什么？在短期内，额外的光照肯定会促进植物生长。但是从太空导入光会改变地球的能量平衡，增加地球表面的能量，因此提高地球的平均温度。气象系统和许多高纬度动物的繁殖周期几乎肯定会被这笔额外的能量打乱，**该计划造成的环境破坏很可能会抵消其带来的好处。**

✱　太空镜项目只是已提出的数百种修复技术之一。其他技术包括将俄罗斯的河水改道，从北极向南引至中亚；通过给“海洋施肥”使其吸收二氧化碳来减缓全球变暖。这些技术在纸面上看起来可能不错，但是没有人能够安全地预测出它们的实际影响。

海洋施肥

在开阔海洋里，低矿物质含量意味着通常浮游植物很少。一个最近的技术修复方案提出，在海洋表层进行人工施肥以增加浮游植物的生长。增多的浮游生物会吸收空气中的二氧化碳，帮助减缓全球变暖。但是这个方案也会产生二氧化碳，因为发动船只需要燃料，同时必须开采矿物质会造成环境破坏。这些缺点使海洋施肥技术的价值难以评估。

适用技术

✱ 大型技术修复的缺点并不意味着世界上的环境问题不能用技术来解决。近代历史表明，在工业化世界以及发展中国家，简单的技术改进常常可以产生快速而且非常有利的结果。

来，我们用砖和黏土给它砌个炉膛

小改进就可以产生大效果

生物过滤器

湿地污水处理厂模仿水流经过沼泽的自然净化过程。废水经过一个过滤器后，缓慢地通过一系列种着芦苇和其他水生植物的露天湿地。这些植物吸收废水中的有毒物质，与此同时细菌分解有机物。废水离开“湿地”时，已经达到排入河溪的标准。

炉灶背后

✱ 燃木炉灶是一个典型的改进案例。对世界大部分人来说，它是一个至关重要的技术。传统炉灶的效率很低。明火炉燃烧时产生的热量最终只有不到10%用于烹饪，对于大多数简单的炉灶，这个数字仍然仅约20%。因为炉灶浪费了4/5的能量，故相当于4/5的燃料实际上被扔掉了。

20%

炉膛砌得好的话，炉灶就能利用燃烧时所产生的大部分能量

明火炉效率太低

✱　在非洲和亚洲部分地区，这样的炉灶已经使用了几个世纪，并且近年来，人口迅速增长意味着木材需求量飙升。燃料的日益短缺促使人们重新考虑炉灶的设计。通过用砖或黏土砌一层炉膛，炉灶的效率通常可以倍增。因为火以较高的温度燃烧，可以使用的燃料范围更广，减少了对木材的需求，使森林有机会恢复。

美的概念

适用技术或中间技术的想法是由德国出生的经济学家**恩斯特·舒马赫**[32]首先提出来的。他是1973年出版的畅销书《小就是美》的作者。舒马赫成立了中间技术发展集团，专门为发展中国家设计小型机器和提供生产方法。

干干净净

✱　这种简单的工程解决方案就是“适用技术”——量身定制的技术以最简单的方式解决问题。在工业化世界，适用技术可以在能源生产和废物处理中发挥作用。例如，“湿地”污水处理厂使用水生植物清理废水，这比其他技术使用更少的土地和电力，处理后会产生更清洁的水。

✱　适用技术可能没有安装太空镜或重新安排地球的水资源那么迷人，但是，因为它很简单，所以很容易付诸行动，而且带来副作用的风险大大降低。

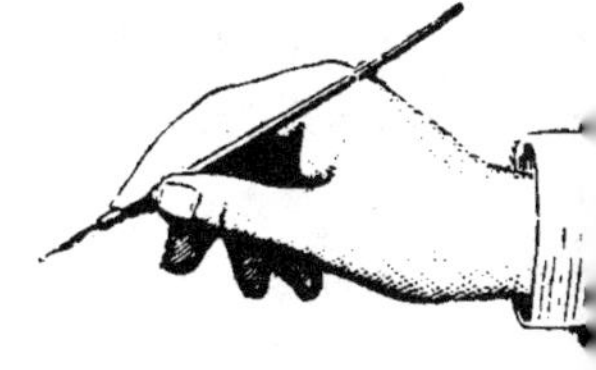

32　恩斯特·弗里德里希·弗里茨·舒马赫（Ernst Friedrich Fritz Schumacher，1911—1977），英国统计学家和经济学家。1966年成立了中间技术发展集团（现称“实践行动小组”）。

无污染动力

*** 就在100多年前，电力终结了煤气灯时代，发电业稳步成为更集中、更复杂和更多污染的行业。在未来，这种趋势可能随着动力源更小型、更清洁和更多样化而扭转。**

来自鸡的能源

生物质能源并不总是直接来自植物。动物废物，例如鸡粪，可以燃烧发电，也可以用来生产甲烷，它是一种清洁的气体燃料。在一些发展中国家，牛粪是木柴的主要代替品。干牛粪燃烧良好，而且不需要锯成段。

能源改革

* 大多数人都赞同当今的大型发电厂对环境十分不友好的观点。它们要么助长全球变暖，要么释放达到危险水平的放射性物质。因为我们过于依靠它们，它们肯定会和我们长期共存，但它们近乎垄断的地位开始岌岌可危，种类繁多、污染较少的能源不断涌现。

* 清洁或几乎清洁的能源有时称为“可再生能源”。严格来说，可再生能源确实不存在，因为用过的能量不能回收利用。另外，能源往往可以自行更新，这得益于不断来自太阳的能量。

生物质燃料

* 可再生能源之一是生物质燃料，在能源交易中通常指植物基燃料，例如木材或来自甘蔗的酒精。与化石燃料不同，生物质燃料燃烧时对二氧化碳水平没有任何净影响，只要生产生物质燃料的这些植物在燃烧后得到补充——但是并非总是如此。

* **在发展中国家的农村地区，生物质燃料通常是唯一可以使用的能源**，但在全球范围内，其作用非常有限。这种情况看来可能会持续下去，这是因为燃烧生物质燃料有一些固有的缺点。**它效率低下，很多能量浪费了**。**当从野外收获燃料时，可能导致严重的环境问题**。如果燃料是专门种植的，它会占用广袤的土地，而这些土地原本可以用于生产粮食。

清洁能源

* 由于这些原因，大多数环保主义者怀疑生物质燃料将来取代煤炭、石油或天然气的可行性。相反，领先的清洁能源替代品是风能和波浪能，以及最有希望的能源——太阳能。不像常规燃料，利用这些能源不需要燃烧碳，避免了由此带来的一切问题。

酒精既可以给汽车当燃料，也可以给人添动力

加油

巴西目前在使用乙醇作为汽车燃料方面处于世界领先地位，每年生产大约150亿升乙醇。乙醇是由发酵植物糖产生的——一个很久以前发现的制作酒精饮料的工序。

关键词

生物质燃料

包含收获的有机物质或从有机物衍生的任何燃料。生物质燃料包括木材、稻草、农家废物和乙醇。

风车

转向

约1300年前，世界上首部风车在波斯问世。风车的布制翼板安装在垂直轴上，所以风车会随来自任何方向的风转动。在十字军东征之后，风车在欧洲使用非常普遍，而且出现了更为先进的水平轴风车，同时出现的是能够调节翼板让它正面朝风的设备。尽管人们在垂直轴风车上做了许多尝试，水平轴风车效果却最好。

利用风力

*** 工业革命前，风力与水力是主要机械动力的来源。尽管大多数效率极低，设备却出奇地复杂。大概三个世纪后，化石燃料引起的问题堆积如山，这些可再生能源杀了个回马枪。**

没有风……哪里都去不了

像空气一样不需分文

* 风是免费的，但使其产生动力并不容易。主要的问题是风的速度和方向无法预测。一架高效的风车或风力涡轮机必须正面对着来风。翼板必须很轻，微风就可以驱动它，但也可以承受狂风而不被撕成碎片。

*** 传统的木制风车使用了许多巧妙的技术解决了这些问题，包括可以根据风向自动调整翼板方向的动力装置和百叶窗帘式翼板，每逢暴风突然来临的时候都会自动打开，任风自由来去。**

波浪里蕴藏着我们可以利用的能量

今天的风力涡轮机通过电脑控制系统达到相同的目的。现在，作为重要的发电方式，装备着长达30米翼板的风车开始与化石燃料抗衡。

* 1980年，风力发电产生的能源总量小于100兆瓦[33]——仅仅足以为一个小镇供电。从那以后，风力发电量以指数级曲线上升，并在21世纪初达到原有总量的100倍。

风电场使用电脑来调控风车的翼板，让它们正面迎风

新的空中动力

* **风力发电确实有缺点。巨大的涡轮机并不美观，而且对鸟类可能是致命的。**但是能弥补这点的是，它们没有造成其他环境问题。理论上，波浪发电机也是如此，只是其技术问题很难破解。与风相比，海浪具有惊人的冲击力：几个测试发电机被安装在大海上，几周以后就变成了残骸。

* **目前，风力发电产生的能量只占全球能源使用的很小比例，波浪发电量几乎等于零。**但一些专家认为，随着更多的研究和投资，全球的风力发电和波浪发电量将增加到总发电量的20%，每年可以减少二氧化碳排放量10亿吨以上。

水力发电

虽然巨型水坝被认为对环境不友好而遭到反对，但小型水力发电设备可能会在满足世界对能源的需求上起到一定作用。在发展中国家，成千上万座已经建造的小型水坝可以转换成小型水力发电站，满足当地用电需求，但是又不会造成严重的环境损害。

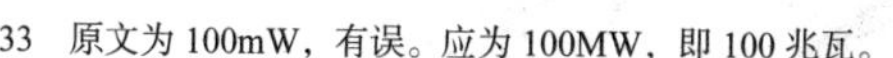

33　原文为100mW，有误。应为100MW，即100兆瓦。

什么都比不上太阳

＊ 利用风力和水力发电尽管可能很清洁，但依然是一种迂回的能量收集方法。出于环境与生态原因，从能源链的顶端直接收集来自太阳的能量更加合理。

太阳是最终的能量来源

阳光州

太阳能电池由半导体硅晶片组成。即便在明亮的阳光下，一块典型的电池也只能产生非常小的电流，不过可以把电池连接起来提高输出功率。世界上最大的光伏发电厂之一就位于加利福尼亚州卡里萨平原，其规模可达约7500千瓦。在晴天，其功率输出相当于50辆汽车发动机同时全速工作。

聪明的主意

＊ 1950年代中期以前，利用太阳能发电的唯一方法是用它来驱动蒸汽涡轮机——一种与利用化石燃料发电相同的技术。一些太阳能发电厂仍然以这种方式运转着。但是，发明于1954年的光伏电池创造了另一种把太阳能转化为电能的方式。与热电厂不同，光伏电池的优势是可以以任何规模工作。一张邮票大小的单个光伏电池和覆盖一个足球场大小的光伏电池阵的效率是一样的。

光伏板

* 经过40年的研究，光伏技术仍然在追赶其他的发电方式。但是，太阳能电池的效率不断提高。**同时，制造电池的成本正在下降**。光伏发电的成本仍然高出化石燃料发电的5倍，但差距正在缩小。

随时可得的电

可以用电来制造氢，该过程反过来同样有效。在燃料电池中，氢和氧被泵入空心的碳基圆柱体，后者沉浸在导电的液体里。氢和氧化合产生水和电能。燃料电池不同于常规电池，只要提供燃料，这种电池就能保持供电。

终极清洁燃料

* 光伏发电的问题之一是电力很难存储。例如，典型的汽车电池仅持有相同重量的汽油能量的4%。因为我们的大部分能量都用于驱动设备，任何可持久的和低污染的能源系统必须包括一种易于携带、燃烧清洁的燃料。

* 未来的燃料几乎一定是氢——最轻的元素。氢通过电解水产生。当气体燃烧时，化学反应过程朝反方向进行，留下水作为唯一的废物。**与碳基燃料不同，氢不会产生温室效应。地球上有那么多的水，这种超清洁燃料将没有任何耗尽的危险。**

水里的氢是
将来的燃料

汽车是美国的
主要污染源

高效机器

✱ 当资源利用造成环境问题时，有两种补救方法。“一切如常”法在20世纪大行其道，这种事后补救的方法代价昂贵，难以组织，并且经常无效。最近的一种方法关注造成问题的原因，并旨在最大限度地减少损害或完全避免问题的发生。

油老虎之死

✱ 近年来，这种改善环境的方法悄悄地取得了一些成功。在这里举一个关于汽车的例子。在1970年代石油“危机”以前，美国一辆汽车的耗油量为一加仑汽油行驶不足15英里[34]，“油老虎”这个绰号当之无愧。自1970年代以来，汽车数量在美国已经增加了一倍以上，但同时燃油效率也提高了。今天，美国普通汽车一加仑燃料可以跑两倍于30年前的路程，所以每英里所产生的废气量已被减半。

以一当十

衡量能源效率的方法之一是计算一个国家使用的能源总量和经济产出（或国民生产总值）之间的比率。这个比率被称为“能源强度”。美国的能源强度约为日本的3倍，表明日本的工业只需要1/3能量就可以产生相同水平的产出。

34 1英里≈1.61千米。

＊　在美国和世界其他许多地方，燃油效率提高没有阻止汽车成为主要污染源。但是若燃油效率没有提高，汽车造成的环境破坏会比现在更严重。

越老越好

一项技术问世时间越久，通常就越节能。电灯泡已经存在超过100年了，现在它的电能利用效率提高了50倍。相对而言，个人电脑还是比较新的事物——它消耗的能量大部分都浪费了。

减少损害

＊　有效利用资源不仅减少污染，通常在经济上也有好处。关于能量，有研究表明，新的发电厂通常不是满足能源需求增加的最具成本效益的途径。相反，开发减少废物的措施成本更低，而且释放出的能量就相应地有所提高，可供做有用的工作。提高效率还可以节省原料以及家庭和农场用水的费用。在夜间蒸发较少时，使用新的滴灌系统可以将农作物用水量减少75%。

＊　但是问题还没有解决。只有总体消费大致稳定时，提高效率才会降低我们对环境的影响。**如果消费继续增加——就像当今的情况一样——提高效率仅仅是阻止事情变得更糟。**

晚间给植物浇水可以减少浪费，因为水分蒸发得更少

废物回收

＊ 回收废物是人人可做的改善环境的事情。回收废物可以减少浪费，充满正能量，简单易做。但回收到底作用多大？答案是取决于供求的波动水平和回收产品的使用寿命。

养成回收废物的良好习惯

细节最重要

“环保标签”经常会产生误导。许多产品被贴上用“可回收”材料制成，但并没有说它们是如何被制造的。有些完全不含可回收材料。

返回发件人

＊ **回收是将产品分解为初始原料并再次利用的过程**。当废物回收有明晰的成本收益时，制造商就会有重新使用它的兴趣。

★ 一些日常材料具有巨大的潜在节能价值。例如，从铝矿中生产1千克的铝比从回收的铝中生产1千克的铝大约要多花10倍的能量——即使铝是地球上最丰富的元素之一。对于钢和玻璃，节能要少一些，但是也值得回收。

环保标签

✱　对于纸张和塑料——两种最多的生活垃圾——经济上的平衡要微妙得多，没有明显的收益。目前，回收这些材料的成本通常高于制造它们的成本，因此这些废物很大一部分仍然被扔掉。

在英国，60% 的废纸被回收

采取行动

✱　大多数环保主义者认为，回收是减少我们对全球影响的必要手段。不管可回收材料市场短期的跌宕起伏，回收废物的习惯应该得到鼓励。根据“刺激增长”原理，如果有足够的人参加回收，它将保持发展势头。就新闻纸而言，有迹象表明这势头即将到来。经过几年的低迷，废旧新闻纸的价格已经到了值得收集的时候了。

✱　塑料回收要难得多，因为如果要重复利用，每种类型都必须分开处理。再生塑料的产量正在增加，但是，在大多数工业化国家，塑料产品只有不足1/50的机会被熔化和再次利用。

寿命有限

玻璃和金属是回收利用的理想材料，因为它们可以无限次熔化和重复使用。纸张和纸板寿命较短，因为每次回收处理后，它们的纤维缩短，从而会降低原有的强度。从理论上讲，许多塑料可以无限次地重复利用，但在实践中，保持产品质量非常困难。即使精心整理，不同类型的塑料总是会混在一起，降低了整体回收利用的潜力。

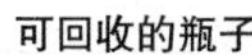
可回收的瓶子

富有创意的核算

富有创意的核算

✱ 过去商品价格的跌宕起伏意味着回收并不总是有回报的，其他的环境保护措施也一样。许多环保主义者认为，这是因为传统统计核算着眼于一个狭窄的成本和效益范围，并完全忽视了整个大局。

废物回收在经济上并不都合算

成本效益

✱ 纸张和塑料回收的收支计算展示了这种核算方法是如何做的。当计算纸张和塑料制造价格时，环境成本通常被忽略了。没有人会考虑伐木或制造塑料时排放污染化学品对环境影响的价格。另一方面，潜在的效益也被忽略了。就制造商而言，一个产品对家庭垃圾的贡献是很大还是很小都是一样的。

✱ 当所有环境成本和收益包括在计算中时，结果往往非常不同。用可回收材料制

污染的秘密

向污染者征税不总是那么简单。几十年来，许多欧洲国家对汽油征税比对柴油征税更重，理由是柴油发动机更省油。但是柴油燃料也有本身的环境问题：当它燃烧时会产生微烟尘颗粒，向城市空气污染增加了危险颗粒物。

女士，新添了一项污染税

成的东西得分都很高，因为它减少了污染和废物。如果这些优势反映在产品成本中，这类产品必定会因能降低对环境的影响而获得成功。

制造的垃圾越多，
你所付的税就越多

环境结算

* 环境定价仍在起始阶段，但在未来的几年中可能会变得很重要。它是一个更广泛的生态原则的一部分，即<u>污染者必须付费</u>。自工业化开始以来，环境损害的代价是由整个社会来承担的。但是当污染者必须付费时，类似的环境损害再次发生的可能性要小得多。

* **在反对污染的运动中，大企业通常被认为是罪魁祸首。但是普通消费者也发挥了他们的作用，在这里环境定价影响最大。**已经有很多国家对大型车辆的拥有者征收更高的上路税，有些城市也试图采用浮动费率征收家庭垃圾处理费。如果环境定价普遍实行，我们中很少有人不被征税。

另类的“路怒症”

成本效益分析在经济学上是固有的分析过程，但在环境保护领域仍然相对较新。其中一个困难是人们常常就具体的成本和收益究竟有多大持有不同的意见。例如，新建的道路常常会破坏野生动植物栖息地，但量化破坏的价值比估算新建道路带来的经济收益难得多。

一个人的废物可以是另一个人的原料

工业生态学

✱ 在工业中，就像在自然生态系统一样，一个过程产生的废物经常可以为另一个过程提供所需的原料。从理论上讲，这些过程可以创建工业“食物网”，其产生的污染远比单个流程自行运行产生的污染更少。目前，这些工业食物网确实很少，但是它们可能成为减少工业化对生活影响的重要方法。

付费清洁

1975—1995 年，3M 公司通过设计免污染生产流程——一个被称为“工业卫生”的流程，节省了超过 7.5 亿美元。节省的金额之中有许多都来自对资源更有效的利用。

只需要连接一下

✱ 工业废物听起来不像是理想的环境净化起点，但在适当的情况下它确实是。在丹麦卡隆堡镇，工业食物网已经建立了25年，省钱并保持最低污染。

✱ 卡隆堡有一座释放硫的燃煤发电站，硫是烟雾中的有害污染物。把硫从烟雾中除去后，产生有用的原料石膏。石膏在当地工厂用来制造石膏板，用来

讲卫生真好!

烘干石膏板的燃气来自附近的炼油厂，这些气体若不用的话会被当作废物烧掉。来自发电厂的余热（通常会白白散失）供给本地制药厂以及镇上的居民。制药厂的有机废物用作附近农场的肥料。

从中捣乱

矛盾的是，严苛的环境法有时候使工业生态难以进行下去。例如，正式被列为危险品的废物往往不能被再利用，但是相同的物质可以作为原料被购买。这项“反回收”法规增加了循环中的危险材料总量。

闭合循环

* 卡隆堡的工业食物网远未完善，因为它继续利用化石燃料能源来维持运转。它也有几个“没着落的终端”——在这个工业食物网中的某些部分的能量或材料仍然成为废物。自然界中不存在没着落的终端，这就是为什么有机废物不会堆积很久。为了模仿自然食物网，这些没着落的终端必须关联起来。
* 在一个狭小的地域里几乎不可能成功，但是在大型工业区里，食物网里众多的“物种”使废物更容易找到用途。**大型工业食物网也有另一个本质上的共同特点：如果其中一个“物种”濒临灭绝——相当于工业上的破产——很有可能将由另一个物种填补它的位置。**

如果法律禁止再次利用有危险的废物，那么它们便会堆积起来

刺梨仙人掌

天然盟友

＊ 1925年5月，一批南美小飞蛾（仙人掌蛾）被飞机运到澳大利亚东北部，它们的任务是阻止刺梨仙人掌的蔓延。这种仙人掌已经侵占了2500万公顷的森林和农田。小飞蛾们打了一场漂亮仗。15年内，刺梨仙人掌几乎全部消失了。

不受欢迎的外来物种

在19世纪初的某个时候，刺梨仙人掌被引入澳大利亚。它最初来自美洲热带地区，那里也是它的天敌——仙人掌蛾的家。仙人掌蛾的毛虫嚼食刺梨仙人掌的桨状茎，导致它们枯萎。

精准攻击

＊ 刺梨仙人掌战役是早期生物防治的例子，生物防治是一种对付杂草和害虫的方法，利用天敌来控制它们。第二次世界大战后，随着合成除草剂和杀虫剂的发明，生物防治不受欢迎了，但由于保护环境的原因，生物防治的未来是充满希望的。

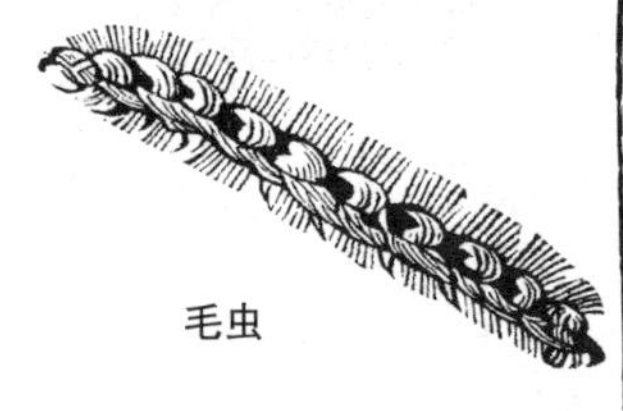

毛虫

* 生物防治优点很多。不像除草剂或杀虫剂，用于生物防治的生物武器积极寻找目标。更妙的是，它们非常精准：它们专门攻击一个特定的物种，而不影响其他物种。它们不会留下任何有毒的残留物。当它们的目标物种的数量下降时，它们自己的数量也跟着下降。但是它们在许多情况下不会完全消失，所以保护作用仍然存在。**被引进澳大利亚70年后，仙人掌蛾仍在“值班”，但是它们现在非常稀少了。**

关键词

信息素

由一个动物释放，能够影响另一个动物行为的任何化学物质。大多数信息素通过空气传播。

昆虫可以被吸引掉进陷阱

全面控制

* 生物防治也可以通过化学药剂进行。近年来，生物化学家已经鉴定出了很多天然化合物，它们要么能吸引害虫，要么会干扰它们的发育。许多引诱剂是信息素，引导害虫寻找可能的交配对象。信息素可以用来引诱昆虫掉进陷阱，远离庄稼，否则它们可能会糟蹋这些庄稼。发育抑制剂的作用是阻止害虫成熟，使其无法繁殖。

* **当庄稼突然被害虫席卷时，生物防治就无效了**。但是，当生物防治成为害虫综合治理系统中的一员时，对除草剂和杀虫剂的需求就会大大减少。这些成效已经开始在许多发达国家显现出来，在未来的岁月里这种防控模式会继续扩大。

长不大的昆虫

有一种有效的生物防治方法是被偶然发现的，当时昆虫学家发现某种纸可以阻止某些昆虫生长。这种纸是由香脂冷杉制成的。研究表明，这种树产生类似于昆虫生长激素的物质，能阻止幼虫生长为成虫。

濒危物种

拯救物种

＊ 1700 年代末期，当斯特拉海牛被猎杀直至灭绝时，很少有人意识到地球上一种最大的哺乳动物已经一去不复返了。两个世纪后，人们对濒危动物有更多了解，并对其数量进行密切监控。自 1950 年代以来，已有数十种动物因保护计划而得救。现在有些已经从濒危名单中除去，但其他濒危物种仍然面临不确定的未来。

犀牛角的价格

对于某些动物来说，非法猎取动物身体器官是比破坏栖息地更大的威胁。犀牛角售价超过每千克 25000 美元——昂贵的价格解释了犀牛数量灾难性的下降。非洲黑犀牛受到的影响最为严重，种群数量从 1960 年代的大约 10 万头锐减到今天的只有 2000 头，这是到目前为止种群下降最快的大型哺乳动物。

绝处逢生

＊ 最成功的保护工作之一始于1951年，当时夏威夷本地山鹅（或称夏威夷雁）的种群总数已降至33只。保育人员把一只雄鸟和两只雌鸟用飞机运到英国的一个野生鸟类保护区，希望它们能够繁殖。该策略奏效了。大约50年后，这3只鸟繁殖的后代已经超过2500只，这个数量足以确保物种的安全，也增加了野生种群的数量。

毛里求斯红隼

加利福尼亚秃鹰

1980年代，加利福尼亚秃鹰只剩下27只，但现在已经超过70只，虽然几乎没有秃鹰成功被放归野外，但看来它们似乎已渡过难关。毛里求斯红隼从最接近灭绝的边缘逃生。1973年其数量下降到仅有4只，现在超过300只。

哦，如果我必须……

大熊猫对交配不太感兴趣

濒危名录

* 不幸的是，并非全部濒危物种都这样容易恢复。一些物种，如大熊猫，繁殖数量很少，并遭受猎杀和自然栖息地被破坏的双重打击。**如今野生大熊猫只有大约1000只，分布在20多片竹林里，这就大大降低了它们之间成功交配的机会。更糟的是，大熊猫的食物——竹子——开花后即死去，这是一种隔几十年定期发生的集体自杀现象。上一次发生这种情况是1970年代中期，超过100只大熊猫挨饿。**
* 保护“超魅力大型动物”（例如大熊猫）计划，可以帮助集中保护力量和筹集资金。但是，正如环保组织意识到的那样，这不是解决濒危物种问题的答案，任何长期的解决方案都必须包括挽救它们生活的栖息地。

红色名录

自1960年代以来，世界自然保护联盟（IUCN）公布了一系列“红色名录”，确定了受胁或极危物种。名录里现在包括数万个物种，名录有助于有目标地在物种濒临灭绝的区域开展保护工作。

拯救植物

世界上超过 12%的植物正面临灭绝的威胁

✱ 与老虎、鲸鱼或大熊猫相比，新闻里很少提到濒危植物。但是，从纯粹实用的角度看，拯救濒临灭绝的植物应该成为自然资源保护史上最重要的行动。植物蕴藏着巨大的遗传多样性，我们绝对承受不起失去。

水杉

绿色活化石

植物收集的历史表明，稀有物种可以在人类帮助下戏剧般地恢复。世界上最稀有的树木之一是一种名为水杉的针叶树。水杉于 1944 年在中国的一个偏远地区被发现，曾被认为已在数百万年前灭绝了。水杉种子已发送到世界各地的植物园，如今已经遍及公园和花园。

挑选精华

✱ IUCN《受胁植物红色名录》发表于1997年，估计超过12%的世界植物受到灭绝的威胁。这个巨大的名录中包括一些未来可能成为作物的植物，以及一些药用植物——如果它们被赋予生存机会的话。

✱ **与动物保护相比，植物保护还处于初期**，但植物学家参与植物保护工作确实有一些优势。一是与动物不同，珍稀植物通常可以通过插条甚至一小群细胞繁殖，成百上千株植物可以从单个活体样本中产生。**植物的另一个特点是它们的种子能长久保存——可以提供使它们免于灭绝的"救生索"**。

库存植物

* 种子库最初由植物育种者建立，用于开发新庄稼品种。在种子库里，温度和湿度都保持低水平，这样很多种子能够存活超过50年。因为种子是致密的，数千种植物的种子可以存储在相对较小的空间，成为一个休眠库，等待重生。

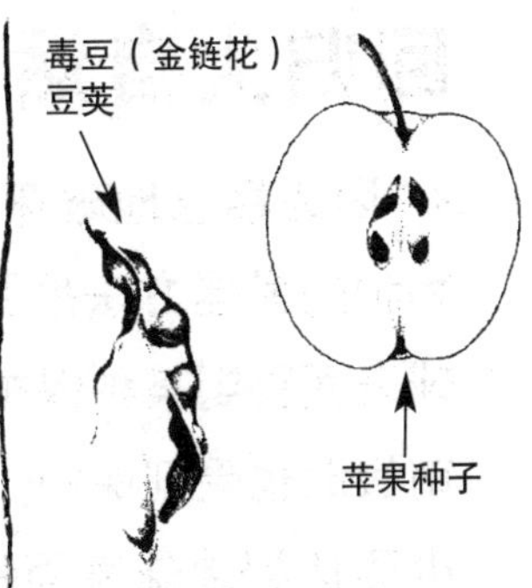

种子库是一种帮助植物免于灭绝的保存方式

* 随着全球变暖的威胁，采集种子已成为世界各地植物学家的当务之急。千年种子库总部设在伦敦邱园皇家植物园，收藏者希望到2010年能够收集到全球10%植物物种的种子。

* 采集种子与在野外保存植物不同，在环境快速变化的时代，这项工作为植物界提供了一个珍贵的喘息空间。

唯一的一棵……

世界上现存的几种最濒危的植物数量如此稀有，分别只有一棵见于野外。这些终极幸存者包括南大西洋圣赫勒拿岛的圣赫勒拿橄榄（西洋榄）和印度洋罗德里格斯岛的马龙咖啡（罗德里格斯茜草）。

回归大自然

✱ 因为栖息地破坏是物种灭绝的主要原因，保护濒危物种的最佳方法是保护其自然环境。目前，约6%的地球表面受到某种保护，此外再加上一块完整的大陆——南极洲也受到保护。许多生态学家认为，总保护面积至少要达到地球表面积的10%，但现在至少是朝着正确的方向迈出了一步。

游客参加救援

生态旅游者可以帮忙拯救全世界正在消失的自然栖息地吗？在这种新型旅游方式经历了10年蓬勃发展后，答案似乎是肯定的。在哥斯达黎加、肯尼亚和斯里兰卡等发展中国家，旅游业的收入帮助保护国家公园和生活在其中的物种。然而，生态旅游者对旅游点有所偏爱，不能拯救全球范围内的各种栖息地。非洲稀树草原游客很多，而到泥炭沼泽旅游的则很少。

哥斯达黎加的例子

✱ 预留给野生生物的土地面积在世界不同地区差别很大。在北美，这个数字已达总面积的10%，但在苏联只是1%。在哥斯达黎加——自然保护的典范之一——其国土的27%被划定为国家公园和生物保护区。

生态旅游可以筹集资金以保护野生生物

* 哥斯达黎加的经验凸显出这种保护方法带来的成功和问题。在这个小国，森林砍伐已经非常严重。如果没有国家公园的话，哥斯达黎加的热带雨林几乎会完全消失。今天，该国的野生生物保护区每年吸引了成千上万的生态旅游者，他们的到来有助于筹集资金，维持公园所需。然而，对于野生生物来说，也有不好的消息。森林砍伐仍在继续，并且国家公园系统不断受到对农业新土地需求的威胁。

关键词

边缘效应

对自然保护区边缘的任何干扰，这种干扰进而影响生活在其中的物种。边缘效应包括噪声、污染和家养动物入侵。

精心设计的保护区

* 近年来的研究表明，总保护面积不是国家公园或保护区运作情况的最佳指标，保护区各自的面积和形状同样重要。一个大型保护区通常比总面积相同的数个小型保护区能保护更多的物种。原因之一是大型保护区的核心区远离“边缘效应”，即人为活动的干扰。另外，大型保护区可以为需要较大领地的动物提供更多机会。例如，一对角雕至少需要100平方千米的热带森林，而一只雄虎则需要面积10倍于此的森林。对于这些超级捕食者来说，小型保护区几乎没有用。

雄虎

禁区

南极洲是地球上唯一的免受外来物种入侵的陆地，主要是因为很少外来者可以在那里生存。根据保护该大陆的国际环境协议，甚至引入细菌也被禁止。

制定法律

环境问题必须在国际范围内解决

* 国家公园和自然保护区有助于在当地保护野生生物，但无法解决空气污染与气候变化等更广泛的问题。自 1970 年代以来，已经制定了一些国际公约来解决这些和其他环境问题。这些公约没有一个是完美的，但是有几个已经证明了它们的价值。

保护生物多样性

1992 年，超过 150 个国家和地区在里约热内卢签署了《生物多样性公约》，这是史无前例、最具包容性的环境措施。然而，公约中提出的许多建议都不具有约束力，并被广泛忽视。

清洁空气

* **1987年签署了《蒙特利尔破坏臭氧层物质管制议定书》，该议定书分别在1990年和1992年进行了修订，它一直是最成功的国际协定之一。**超过90个国家和地区同意在2006年前停止生产消耗臭氧层的化学品。尽管臭氧层本身需要很多年才能恢复，氯氟烃（第144～145页）的释放现已大大下降。

* 与氯氟烃相比，二氧化碳已被证明是难控制得多的污染物。大多数国家现在已经接受二氧化碳水平上升会

紫蓝金刚鹦鹉

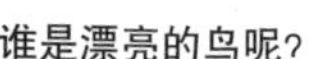
谁是漂亮的鸟呢?

导致全球变暖的结论。但是，因为二氧化碳是使用化石燃料不可避免的副产品，很难减少全球输出。1997年，《联合国气候变化框架公约的京都议定书》呼吁工业化国家到2010年将二氧化碳排放量减少5%（基于1990年的水平），但许多环保团体声称减排5%根本不够。1998年，在布宜诺斯艾利斯[35]进行的谈判结果显示，达到本议定书中最保守的目标都将是一项困难和有争议的任务。

自由贸易？

象牙贸易展示了制定野生生物保护规则的某些困难。1989年——在非洲象数量大幅度下降之后——CITES缔约方一致同意禁止象牙销售。但在1990年代中期，纳米比亚、博茨瓦纳和津巴布韦等国认为，挽救非洲象的唯一办法是允许少量象牙出售。这样大象才能“维持自己的生活”。直到今天，自然保护主义者在这个问题上仍然分歧很大，但是CITES缔约方同意让这三个国家从1999年开始试用这种方法。

保护野生生物

＊ 其他协议已就酸雨、海洋污染、用水和濒危物种非法交易（包括买卖死的或活的生物）等问题做出规定。《濒危野生动植物种国际贸易公约》（简称CITES更广为人知）于1975年生效。该公约禁止对800多种有立即灭绝风险的生物的交易和严格限制对另外30000种有潜在灭绝风险的生物交易。

＊ 无论按照任何标准，CITES都是生物保护史上最为成功的案例之一。没有它，毫无疑问，有些世界上最濒危的动物——例如黑犀牛——可能已经灭绝。

35　西班牙语，意为“好空气”。

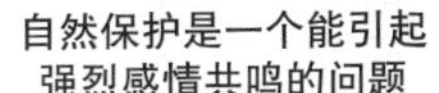

自然保护是一个能引起强烈感情共鸣的问题

迫切需要采取行动

* 在过去30年里，政治人物和工业家不得不面对一些环保领域强大的新参与者。以志愿者为主体和私人捐款为资金来源的绿色和平组织与地球之友等施压团体在推进环保主义议程上取得了重大成就。

抗议破坏环境的行动现在很常见

肮脏的把戏

1985年7月10日，在前往太平洋穆鲁罗瓦环礁抗议法国核武器测试之前，绿色和平组织的船"彩虹勇士号"在新西兰的奥克兰港沉没。新西兰警方调查透露，这条船是被法国情报人员安置的两枚炸弹炸沉的，此事爆出一个国际丑闻。

走向绿色

* **1971年，绿色和平组织在加拿大成立。该组织的最初目标是为了阻止在阿留申群岛进行核武器试验，但其目标范围很快扩大到包括了许多其他环境问题，例如化学废料倾倒和捕鲸。**绿色和平组织富有想象力的活动、熟练的媒体运作和快速增长的成员数量，使之成为一支难以忽视的环保力量。

* 从早期开始，像绿色和平组织和地球之友等施压团体已成为环保"机构"的基石。

这些团体曾经被视为后嬉皮士主义的怪胎，现在已是主要的国际组织。

不轻松的和平

关键词

预防原则

任何新的对环境或者人类健康可能构成威胁的行为，在被证实安全之前，应该视为有害。

✱　随着环保团体的急剧增长——据估计，仅在美国就有超过6000个团体——环保主义者与他们的批评者之间的冲突就不可避免。在一些问题上，例如捕鲸，事实相当明确，但其他问题就没有那么直截了当。例如，在1990年代，绿色和平组织发起了一项运动，阻止英国石油公司（BP）把布伦特史帕尔储油平台沉到北大西洋海底（该平台是北海石油设施的报废装置），理由是这样做会污染海床，并开启一个倾倒先例。虽然这次抗议行动最终成功了，但大多数石油工业界的专家和一些环保主义者仍然相信，在近岸水域拆除这些巨大的结构会比送它们到海底造成的污染更大。

✱　当在21世纪面临许多复杂的问题时，这样的困境势必会继续发生。但是，正如法国情报部门在1985年炸沉彩虹勇士号时的发现一样，像绿色和平组织这样的团体存在是不可改变的事实。暴力打击不会让它们或争论消失。

"永远也别怀疑一小群有思想、有奉献精神的公民具备改变世界的能力；其实从古至今就是这样。"

美国人类学家玛格丽特·米德[36]

36　玛格丽特·米德（Margaret Mead，1901—1978），美国人类学家，美国现代人类学最重要的学者之一，被誉为人类学之母。

未来的地球

✱ 在 1900 年，任何人都难以想象在接下来的 100 年里人类对环境的影响会有如此惊人的增长。今天，在 21 世纪初，生态学家和环保主义者也同样难以猜测这种趋势什么时候和以什么速度逆转。

谁知道未来会怎样?

影响加倍或消失

✱ 未来学的实践取决于您如何理解人类的“影响方程”（第108页）。几乎可以肯定，21世纪人口将加倍，作为一个物种，我们本身对环境的影响也将加倍。但其结果也会受到人们的生活方式改变的影响。如果新技术可以减少我们对能源和原材料的消耗，只要这些新技术是在世界范围内使用，我们就有机会减少对环境的总体影响。

把生态证据拼凑起来

赢家和输家

✱ 这种乐观的前景是否可能实现？回顾过去我们可以找到一些线索。历史上只有当人口数量突然下降时，人类对环境的影响才会下降。例如，14世纪瘟疫暴发横扫欧洲时就是如此。很少有相反效果的先例——人口水平上升，环境条件得以改善。

✱ 由于这个原因，许多生态学家相信，直到（接下来50年内）人口达到顶峰之前，环保本质上是一个维持现状的做法。乐观主义者认为，人口增长告一段落之后，将会迎来一个生态稳定的新时代。对于悲观的预言家来说，这种稳定状态听起来好得令人难以置信。

微宇宙

复活节岛——以其神秘的石头雕像而著名——生动地展示了当环境被急剧破坏、失去控制时会发生什么。大概在公元4世纪，波利尼西亚人第一次定居在这个森林茂密的岛屿。1000年之内，人口增长到超过5000人，森林随之也消失得很快。到1722年欧洲人登陆该岛时，食品和木材都很稀缺。最后的一批树木在19世纪被砍伐，曾经自给自足的岛民，如今只好依赖外部世界才能生存。

醒悟

✱ 无论将来发生什么，过去的100年为我们上了难忘的一课：尽管我们是一个非凡的物种，也无法逃脱影响地球所有生命的复杂生态关系网。苏联总统米哈伊尔·戈尔巴乔夫[37]就是应对意外挫折的专家，他说过一句令人毛骨悚然的话："生态已经扼住了我们的喉咙。"

米哈伊尔·戈尔巴乔夫

37 米哈伊尔·谢尔盖耶维奇·戈尔巴乔夫（Mikhail Sergeyevich Gorbachev，1931—2022），苏联总统和总书记。苏联政治家，诺贝尔和平奖获得者。

*A

*B

*C

*D

*E

*F

*G

*H

*J

*K

*L

*M

*N

*P

*Q

*R

*S

*T

*U

*W

*X

*Y

*Z